浙江省高职院校"十四五"重点教材

高等职业教育计算机系列教材

# Photoshop CC 平面设计项目教程
## （微课版）
## （第 2 版）

姚争儿　茅舒青　主　编
韩越祥　王　雪　副主编

电子工业出版社

Publishing House of Electronics Industry

北京·BEIJING

## 内 容 简 介

本书以"企业项目"为主线,以完成"工作任务"为教学目标。全书分为两篇,即基础篇和综合篇。基础篇内容涵盖 Photoshop CC 的基础知识和基本操作、应用图层、创建与编辑选区、路径、图像的变形与变换、调整数码照片色彩与色调、蒙版与通道、滤镜和动作等;综合篇主要结合课程思政,项目内容包括"诗路文化""党的文化""在地文化""中国传统文化",内容涵盖海报设计、UI 设计、产品设计和室内设计,把哲学、社会科学、艺术学及美学分别融入这几大项目。

本书设计案例效果精美、解析详尽,同时辅以设计理论相关知识,注重技术与艺术的统一,适合作为高等院校、高职高专院校和培训机构 Photoshop 相关课程的教材,也可供从事 Photoshop 广告设计、平面创意、彩平设计、数码照片处理和 UI 设计的人员自学与参考。

未经许可,不得以任何方式复制或抄袭本书之部分或全部内容。
版权所有,侵权必究。

图书在版编目(CIP)数据

Photoshop CC 平面设计项目教程:微课版 / 姚争儿,茅舒青主编. —2 版. —北京:电子工业出版社,2023.3
高等职业教育计算机系列教材
ISBN 978-7-121-44988-8

Ⅰ. ①P… Ⅱ. ①姚… ②茅… Ⅲ. ①平面设计－图像处理软件－高等职业教育－教材 Ⅳ. ①TP391.413

中国国家版本馆 CIP 数据核字(2023)第 017568 号

责任编辑:徐建军　　　文字编辑:康　霞
印　　刷:北京缤索印刷有限公司
装　　订:北京缤索印刷有限公司
出版发行:电子工业出版社
　　　　　北京市海淀区万寿路 173 信箱　邮编 100036
开　　本:787×1 092　1/16　印张:12.75　字数:326 千字
版　　次:2016 年 8 月第 1 版
　　　　　2023 年 3 月第 2 版
印　　次:2025 年 5 月第 4 次印刷
印　　数:1 500 册　定价:52.00 元

凡所购买电子工业出版社图书有缺损问题,请向购买书店调换。若书店售缺,请与本社发行部联系,联系及邮购电话:(010)88254888,88258888。
质量投诉请发邮件至 zlts@phei.com.cn,盗版侵权举报请发邮件至 dbqq@phei.com.cn。
本书咨询联系方式:(010)88254570,xujj@phei.com.cn。

# 前言 Preface

Photoshop CC 是 Adobe 公司旗下最为有名的图像处理软件之一，它的功能强大、使用广泛。在现代设计领域，无论有多好的创意和多深的美术功底，仅凭在纸上手绘图像，已远远不能满足设计需求，只有在图像处理软件中制作图像作品才能提高工作效率。Photoshop CC 正是这样一款高效率、满足设计需求的图像处理软件，深受广大用户的喜爱。

本书定位于 Photoshop CC 的初学者，从一个图像处理初学者的角度出发，以实例的方式全面介绍了 Photoshop CC 的各种基础操作和应用技巧。本书内容安排合理、结构清晰，从基础项目到进阶项目，重要知识点由浅入深，使初学者在最短时间内、在趣味项目中学会使用 Photoshop CC，进而有选择地学习综合部分的项目。

本书基础篇部分是编者根据 Photoshop CC 教学经验及教学资料整理而成的，综合篇部分则是由前沿设计流行手法与公司实战项目综合而成的，涵盖多个设计方向，理论与实战相结合，以帮助读者更好、更有效地学习 Photoshop CC。在本书编写过程中，编者对各项目内容做了合理规划和精心组织，重点、难点突出，有较强的针对性和实用性。

本书由浙江工业职业技术学院的骨干教师组织编写，由姚争儿、茅舒青担任主编，由韩越祥、王雪担任副主编，茅舒青为本书修订构建了框架并明确了编写思路。其中，项目 1~项目 9 由姚争儿编写，项目 10 由茅舒青编写，项目 11、项目 14 由姚争儿、王雪编写，项目 12 由茅舒青、韩越祥编写，项目 13 由浙江工贸职业技术学院的叶聪相编写。

为了方便教师教学，本书配有电子教学课件及相关资源，请有此需求的教师登录华信教育资源网（www.hxedu.com.cn）注册后免费下载，如有问题可在网站留言板留言或与电子工业出版社联系（E-mail：hxedu@phei.com.cn）。

本书是编者在总结多年教学经验及工作经验的基础上编写而成的，编者在探索教材建设方面做了许多努力，也对书稿进行了多次审校，但由于编写时间及水平有限，难免存在一些疏漏和不足，希望同行专家和读者能给予批评指正。

编 者

# 目录 Contents

## 基础篇

**项目 1　挪威的森林** ································································· (2)
　1.1　移动工具的使用 ····························································· (3)
　1.2　图层的编辑 ································································· (4)
　1.3　Photoshop CC 2020 相关知识 ················································ (6)
　　1.3.1　Photoshop CC 2020 界面详解 ············································ (6)
　　1.3.2　图层的认识 ··························································· (12)
　　1.3.3　图层的操作 ··························································· (12)
　思考与练习 1 ································································· (15)

**项目 2　缤纷圆球** ································································ (16)
　2.1　渐变工具制作背景 ··························································· (17)
　2.2　椭圆选择工具建立选区 ······················································· (18)
　2.3　图层的复制与命名 ··························································· (19)
　2.4　羽化的选区做投影 ··························································· (22)
　2.5　图层的链接 ································································· (23)
　2.6　Photoshop CC 相关知识 ····················································· (24)
　　2.6.1　选区的认识 ··························································· (24)
　　2.6.2　建立选区的方式 ······················································· (25)
　　2.6.3　选区的运算 ··························································· (28)
　　2.6.4　选区的修改 ··························································· (29)
　　2.6.5　选区的保存 ··························································· (30)
　思考与练习 2 ································································· (31)

**项目 3　神秘星际** ································································ (32)
　3.1　图像的变形 ································································· (33)
　3.2　调整边缘优化选区 ··························································· (36)
　3.3　与背景的融合 ······························································· (37)

3.4　Photoshop CC 相关知识——选区边缘的优化 ……………………………………… (38)
　思考与练习 3 ………………………………………………………………………………… (40)

# 项目 4　偷天换日 ……………………………………………………………………………… (41)

4.1　文化校园 ………………………………………………………………………………… (42)
　　4.1.1　使用多边形套索工具建立选区 …………………………………………………… (42)
　　4.1.2　图像的透视 ………………………………………………………………………… (43)
　　4.1.3　图层样式的内阴影 ………………………………………………………………… (44)
4.2　换背景 …………………………………………………………………………………… (45)
4.3　动物的语言 ……………………………………………………………………………… (46)
　　4.3.1　使用快速选择工具建立选区 ……………………………………………………… (46)
　　4.3.2　使用快速蒙版模式编辑选区 ……………………………………………………… (46)
　　4.3.3　使用仿制图章工具修复树枝 ……………………………………………………… (48)
4.4　小径通幽 ………………………………………………………………………………… (49)
　　4.4.1　使用钢笔工具建立路径 …………………………………………………………… (49)
　　4.4.2　路径转换为选区 …………………………………………………………………… (51)
4.5　Photoshop CC 相关知识 ………………………………………………………………… (52)
　　4.5.1　快速蒙版 …………………………………………………………………………… (52)
　　4.5.2　认识路径 …………………………………………………………………………… (55)
　　4.5.3　钢笔工具 …………………………………………………………………………… (55)
　思考与练习 4 ………………………………………………………………………………… (57)

# 项目 5　"啡"你莫属 …………………………………………………………………………… (58)

5.1　使用路径的运算建立咖啡杯路径 ……………………………………………………… (59)
5.2　用渐变工具融合图层 …………………………………………………………………… (60)
5.3　用画笔工具绘制烟雾 …………………………………………………………………… (61)
5.4　运动剪影扭曲与变形 …………………………………………………………………… (61)
5.5　Photoshop CC 相关知识——图像的变换与变形 ……………………………………… (62)
　思考与练习 5 ………………………………………………………………………………… (66)

# 项目 6　永恒的瞬间 …………………………………………………………………………… (67)

6.1　改变图像画布大小 ……………………………………………………………………… (68)
6.2　使用渐变图层修改天空和沙滩 ………………………………………………………… (68)
6.3　使用矩形工具绘制建筑物远景 ………………………………………………………… (69)
6.4　使用魔术橡皮擦抠取海鸥 ……………………………………………………………… (70)
6.5　将盖印图层复制到手机屏幕 …………………………………………………………… (71)
6.6　Photoshop CC 相关知识 ………………………………………………………………… (72)
　　6.6.1　路径的基本操作 …………………………………………………………………… (72)
　　6.6.2　创建文字的工具 …………………………………………………………………… (77)
　思考与练习 6 ………………………………………………………………………………… (79)

# 项目 7　数码照片蝶变 ………………………………………………………………………… (80)

7.1　风景照片色彩处理 ……………………………………………………………………… (81)
　　7.1.1　色阶命令初步调整 ………………………………………………………………… (81)

|       | 7.1.2 | 曲线命令深度调整 | (81) |
|---|---|---|---|
|       | 7.1.3 | 利用调整图层调整图像 | (82) |
|       | 7.1.4 | 调整色偏图像 | (84) |
| 7.2 | 图像修复 | | (86) |
| 7.3 | 人像美肤 | | (88) |
|       | 7.3.1 | 使用修复画笔修复皮肤 | (88) |
|       | 7.3.2 | 使用裁剪工具裁剪图像 | (89) |
|       | 7.3.3 | 证件照片处理 | (89) |
|       | 7.3.4 | 使用中性灰美化皮肤 | (91) |
| 7.4 | 杂志封面人物处理 | | (93) |
|       | 7.4.1 | 对人像美肤处理 | (93) |
|       | 7.4.2 | 抠取人像 | (95) |
|       | 7.4.3 | 杂志封面合成 | (97) |
| 7.5 | Photoshop CC 相关知识 | | (99) |
|       | 7.5.1 | 快速调整图像色彩命令 | (99) |
|       | 7.5.2 | 调整颜色与色调命令 | (102) |
|       | 7.5.3 | 匹配/替换/混和颜色命令 | (107) |
|       | 7.5.4 | 调整特殊色调 | (111) |
| 思考与练习 7 | | | (112) |

## 项目 8　图像合成的秘密　(113)

| 8.1 | 利用图层蒙版和图层模式抠图 | (114) |
|---|---|---|
| 8.2 | 利用图层样式为背景增加纹理 | (115) |
| 8.3 | 建立矢量蒙版 | (116) |
| 8.4 | 利用加深工具添加层次 | (117) |
| 8.5 | 利用画笔工具添加层次 | (118) |
| 8.6 | Photoshop CC 相关知识 | (119) |
|       | 8.6.1　通道 | (119) |
|       | 8.6.2　蒙版 | (120) |
| 思考与练习 8 | | (125) |

## 项目 9　图像的批处理　(126)

| 9.1 | 动作录制 | (127) |
|---|---|---|
| 9.2 | 动作的批处理 | (129) |
| 9.3 | Photoshop CC 相关知识 | (130) |
|       | 9.3.1　动作 | (130) |
|       | 9.3.2　认识动作面板 | (131) |
| 思考与练习 9 | | (131) |

## 综合篇

## 项目 10　诗画绍兴海报　(133)

| 10.1 | 背景的绘制 | (133) |
|---|---|---|

10.2　素材的导入 ································································································· (134)

**项目 11　建党 100 周年网页界面设计** ······································································· (140)
　　11.1　网站版式设计 ··························································································· (140)
　　11.2　首页界面内容设计 ····················································································· (142)

**项目 12　手机 App 界面设计** ·················································································· (149)
　　12.1　手机 App 界面风格 ···················································································· (149)
　　12.2　手机 App 图标设计 ···················································································· (149)
　　　　12.2.1　图标外框绘制 ················································································· (149)
　　　　12.2.2　加入文字元素 ················································································· (150)
　　12.3　登录页面设计 ··························································································· (152)
　　12.4　其他页面设计 ··························································································· (155)

**项目 13　彩平设计** ································································································ (157)
　　13.1　图纸导入 ·································································································· (157)
　　13.2　分图层绘制 ······························································································· (158)
　　　　13.2.1　建立底色图层 ················································································· (158)
　　　　13.2.2　墙体绘制 ······················································································· (159)
　　　　13.2.3　窗的绘制 ······················································································· (159)
　　　　13.2.4　地面铺装的绘制 ·············································································· (160)
　　　　13.2.5　家私的材质赋予和立体感表现 ···························································· (164)
　　13.3　整体效果调整 ··························································································· (170)

**项目 14　包装设计** ································································································ (173)
　　14.1　样机制作 ·································································································· (173)
　　　　14.1.1　背景制作 ······················································································· (173)
　　　　14.1.2　手提袋制作 ···················································································· (174)
　　　　14.1.3　茶叶罐制作 ···················································································· (177)
　　14.2　logo 场景合成 ··························································································· (182)
　　14.3　整体效果调整 ··························································································· (183)
　　　　14.3.1　手提袋投影制作 ·············································································· (183)
　　　　14.3.2　茶叶罐投影制作 ·············································································· (184)
　　　　14.3.3　加入装饰物 ···················································································· (185)
　　14.4　logo 的替换 ······························································································· (186)

**附录 A　Photoshop CC 常用快捷键** ········································································· (188)
**参考文献** ············································································································ (193)

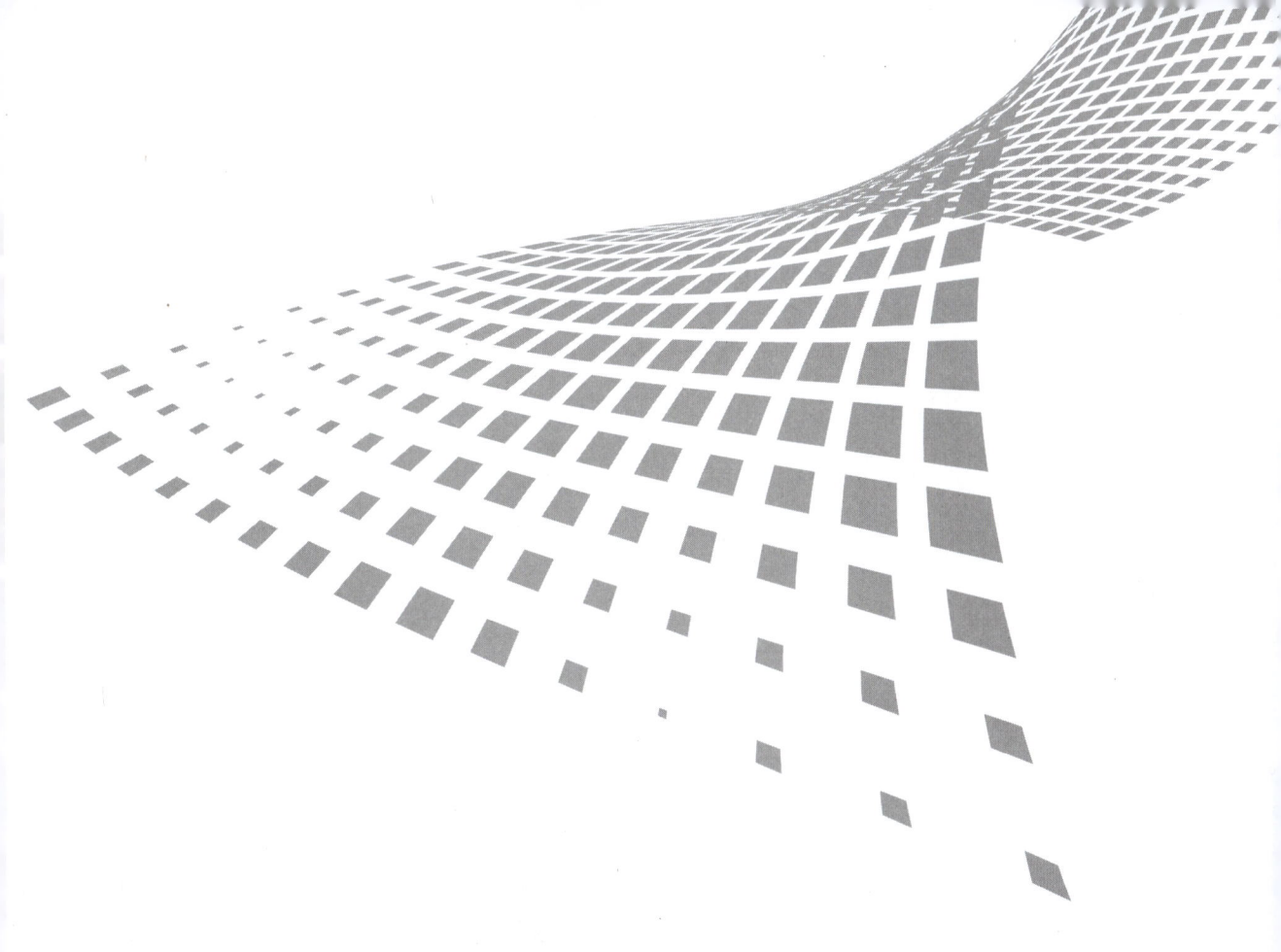

# 基础篇

# 项目 1

## 挪威的森林

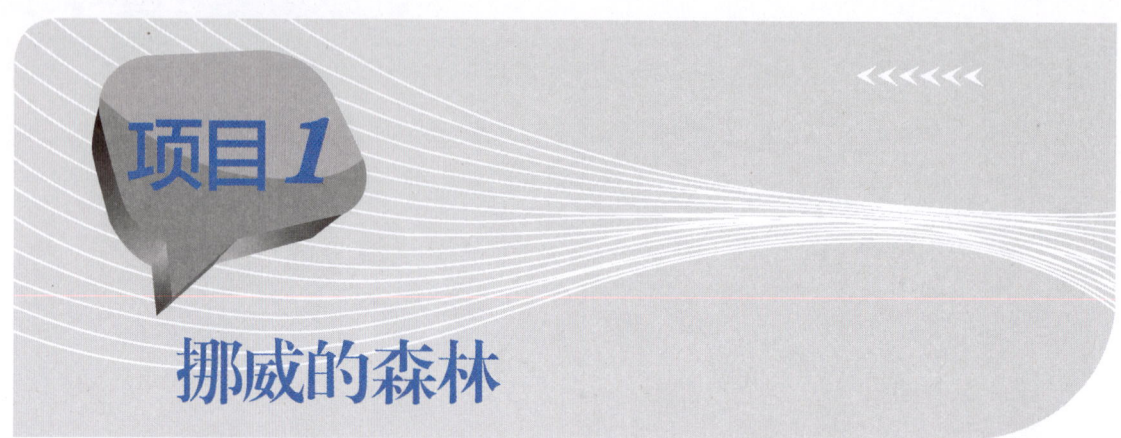

挪威的森林

通过树木前后顺序的变换来理解 Photoshop CC 的图层顺序及图层面板的作用,通过本项目的学习,掌握图层分层的重要性及图层的一些基本操作,如图层顺序的移动,图层的新建、复制与删除,图层对象的移动与旋转。在本项目中,提到3个工具的初步使用,即移动工具 、油漆桶工具及椭圆工具。

### 能力目标

- 理解图层的作用。
- 掌握图层的基本操作,改变图层顺序达到特殊效果。
- 掌握图层的复制及编组。
- 掌握移动工具的使用,利用该工具移动图层上的对象并选择。

项目1 挪威的森林

## 1.1 移动工具的使用

（1）启动 Photoshop CC 2020，执行"文件→新建"命令，新建宽为 25 厘米，高为 8 厘米，分辨率为 300 像素/英寸的画布，如图 1-1 所示。

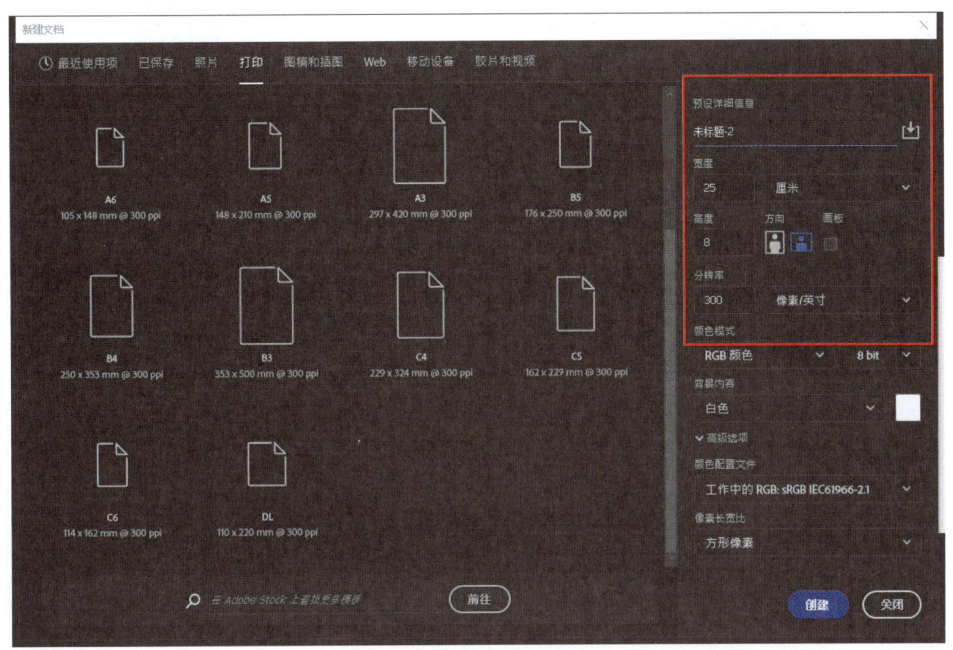

图 1-1 新建画布

（2）在图层面板中单击新建图层按钮 🖸 新建图层，重命名为"背景色"，如图 1-2 所示。

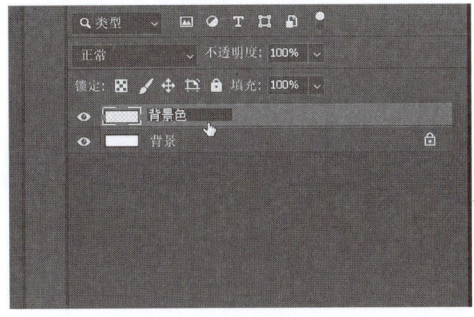

图 1-2 新建图层并命名

（3）修改前景色颜色值为"#9ed8d9"，工具栏中选择油漆桶工具 ◊，在画布上单击鼠标，对"背景色"图层进行上色，如图 1-3 所示。

（4）执行"文件→导入"命令，导入素材"大地.psd"，如图 1-4 所示，按 Ctrl+T 键对所导入的素材进行调整。

（5）继续执行"文件→导入"命令，导入素材"大地 2.psd"，如图 1-4 所示，选择移动工具，调整位置，如图 1-5 所示。

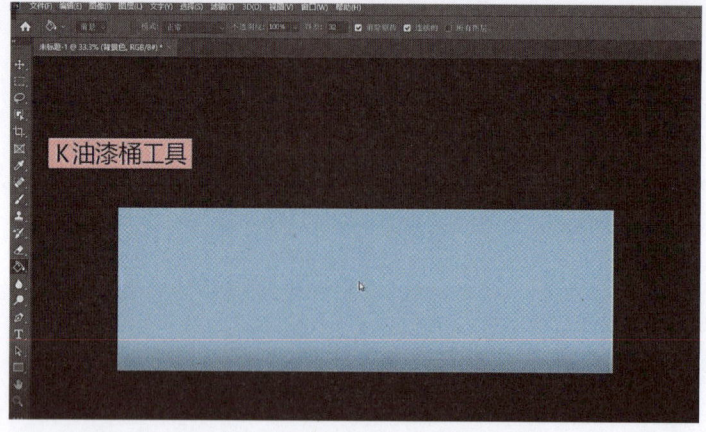

图1-3 油漆桶工具对图层上色

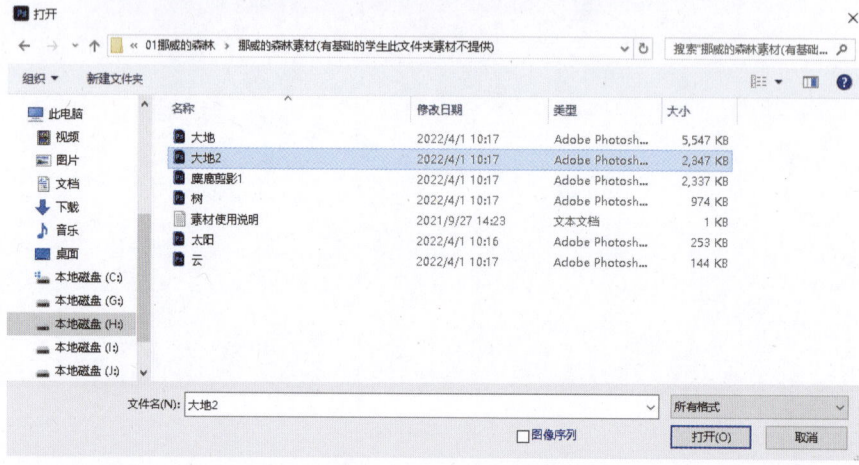

图1-4 导入素材对话框

图1-5 加入"大地"素材后的效果

## 1.2 图层的编辑

（1）导入素材"树.psd"，按Ctrl+T键对所导入的素材进行调整，按Ctrl+J键复制图层，如图1-6所示。

图 1-6 导入"树"素材并复制图层

（2）在图层面板单击"树"图层，继续按 Ctrl+J 键复制图层或用鼠标拖动"树"图层到新建图层按钮 ，复制多个图层并按 Ctrl+T 键调整大小和角度，效果如图 1-7 所示。

图 1-7 复制多个图层的效果

（3）按 Shift 键，在图层面板中选中所有树的图层，按 Ctrl+G 键编组，并将组命名为"树"，效果如图 1-8 所示。

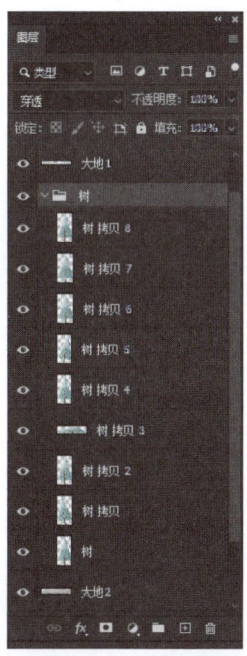

图 1-8 "树"图层编组后的图层面板

（4）导入"太阳""云"素材，使用移动工具把太阳移动到合适的位置，复制"云"图层，并按 Ctrl+T 键对"云"的大小进行调整，效果如图 1-9 所示。

图 1-9　导入"太阳"和"云"素材后的效果

（5）导入"鹿"素材，按 Ctrl+T 键对所导入的素材进行调整，最后完成的效果图如图 1-10 所示。

图 1-10　最后完成的效果

如果对最后的效果不满意，则执行"图层→新建可调整图层→曲线"命令，调整整个图像的透明度及对比度。

## 1.3　Photoshop CC 2020 相关知识

### 1.3.1　Photoshop CC 2020 界面详解

随着版本的不断升级，Photoshop 工作界面的布局也更加合理、更加人性化。Photoshop CC 2020 的工作界面由菜单栏、属性栏、工具箱、状态栏、选项卡式文档窗口及面板组组成。

1）菜单栏

Photoshop CC 2020 中的菜单栏有 11 组主菜单，分别是文件、编辑、图像、图层、文字、选择、滤镜、3D、视图、窗口和帮助，如图 1-12 所示。单击相应的主菜单，就可以打开该菜单下的命令，如图 1-13 所示。

图 1-11　Photoshop CC 2020 的工作界面

图 1-12　Photoshop CC 2020 的菜单栏

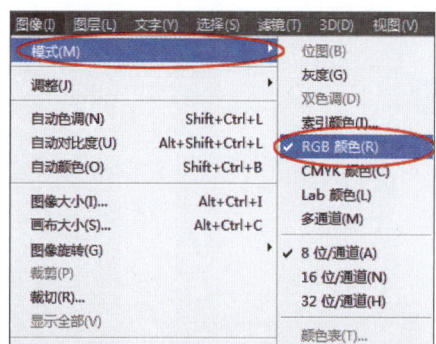

图 1-13　图像菜单及其子菜单

2）选项卡式文档窗口

文档窗口是显示打开图像的地方，若只打开一张图像，则只有一个文档窗口，如图 1-14 所示。若打开了多张图像，则文档窗口会以选项卡的方式进行显示，如图 1-15 所示。单击文档窗口的标题栏即可把该文档设置为当前工作窗口。

3）工具箱

工具箱中集合了 Photoshop CC 2020 的大部分工具，可以将这些工具分为 8 组，分别是选择工具、裁剪与切片工具、吸管工具、测量工具、修饰工具、路径与矢量工具、文字工具和导航工具，除这 8 组外还有一组设置前景色与背景色的图标、切换模式图标和以快速蒙版模式编辑图标，如图 1-16 所示。单击工具，即可选择该工具，如果工具的右下角带有黑色三角图标，则表示这是一个工具组，在工具上单击右键（或单击左键停留 2 秒）即可弹出隐形的工具。

图 1-14　文档窗口

图 1-15　多文档选项卡的方式

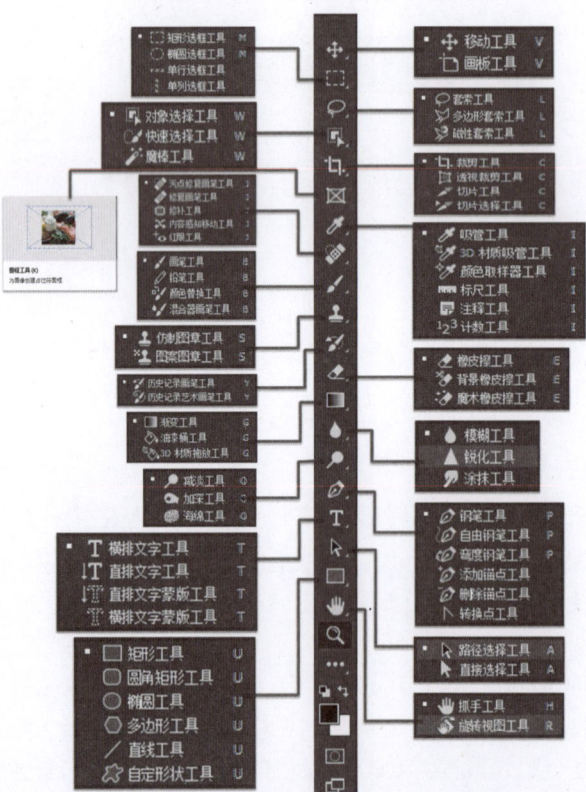

图 1-16　Photoshop CC 2020 的工具箱

4）属性栏

属性栏主要用来设置工具的参数选项，不同的工具属性栏各不相同，图 1-17 为选中移动工具时，其属性栏的显示内容。图 1-18 为选中画笔工具时，其属性栏的显示内容。

图 1-17　移动工具的属性栏

图 1-18　画笔工具的属性栏

5）状态栏

状态栏位于工作界面的底部，可以显示当前文档的大小、尺寸，以及当前工具和窗口缩放比例等信息。单击状态栏中的三角形图标，即可设置要显示的内容，如图 1-19 所示。

图 1-19　状态栏

6）面板组

面板组是 Photoshop 最常用的控制区域，几乎可以完成所有的命令操作和调整工作，也可以监视和修改用户的工作。启动 Photoshop CC 时，只显示某些面板，通过执行"窗口"命令可将面板显示或隐藏。

各面板的基本功能如下。

（1）"颜色"面板：用于选取或设置颜色，便于进行绘图和填充等操作。"颜色"面板如图 1-20 所示。

（2）"色板"面板：用于选择颜色，功能和"颜色"面板相似。"色板"面板如图 1-21 所示。

（3）"样式"面板：可以将预设的效果应用到图像中。"样式"面板如图 1-22 所示。

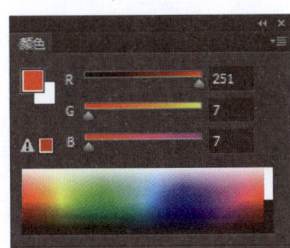　　　　

图 1-20　"颜色"面板　　图 1-21　"色板"面板　　图 1-22　"样式"面板

（4）"导航器"面板：用于显示图像的缩略图，可以缩放图像，迅速改变图像的显示范围。"导航器"面板如图 1-23 所示。

（5）"信息"面板：显示鼠标指针当前位置像素的色彩信息及鼠标指针当前位置的坐标值。"信息"面板如图 1-24 所示。

图 1-23 "导航器"面板

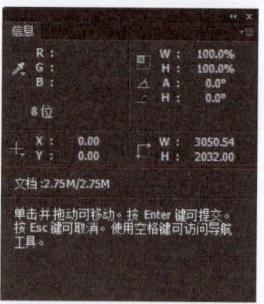
图 1-24 "信息"面板

（6）"图层"面板：用于控制图层的操作。"图层"面板如图 1-25 所示。

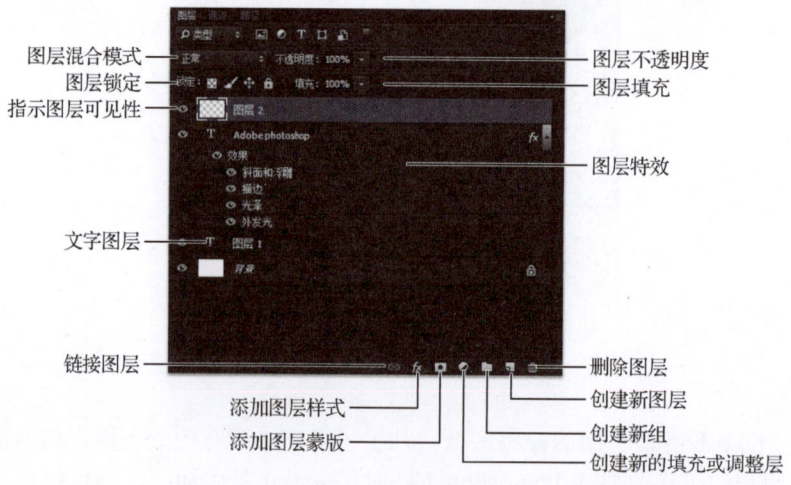
图 1-25 "图层"面板

（7）"通道"面板：用于记录图像的颜色数据并保存蒙版内容，可以在通道中进行各种操作，"通道"面板如图 1-26 所示。

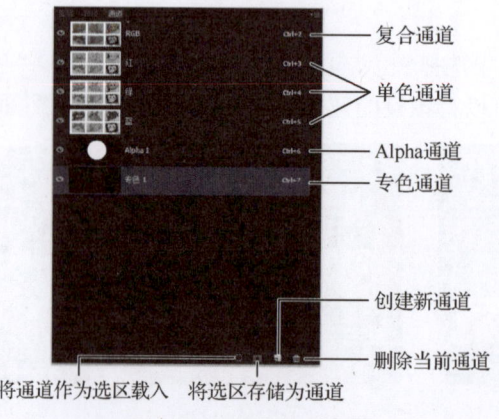
图 1-26 "通道"面板

(8)"路径"面板：用于创建矢量图像路径，也可以存储描绘的路径，还可以将路径应用于填色、描边或将路径转换为选区。"路径"面板如图1-27所示。

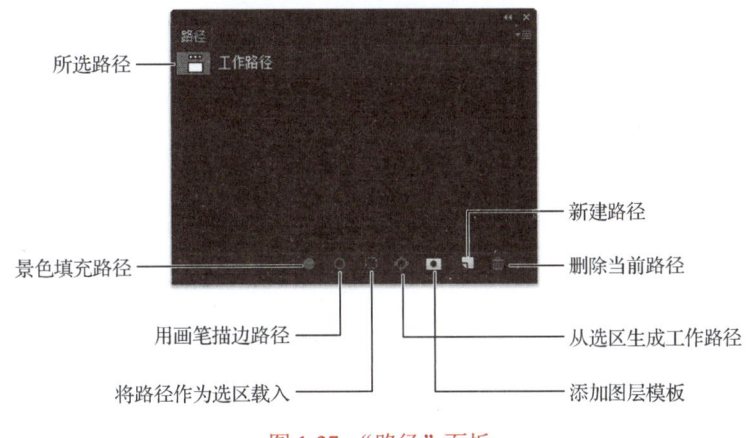

图1-27 "路径"面板

(9)"历史记录"面板：用于恢复图像及指定的某一步骤的操作。"历史记录"面板如图1-28所示。

(10)"动作"面板：用于录制一连串的编辑操作，以实现操作自动化。"动作"面板如图1-29所示。

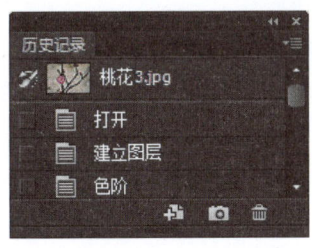 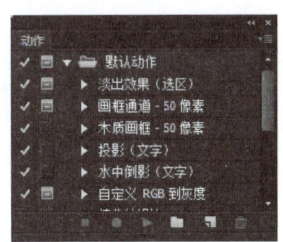

图1-28 "历史记录"面板　　图1-29 "动作"面板

(11)"字符"面板：用于控制字符的格式，包括字体、字符大小、字符间距等。"字符"面板如图1-30所示。

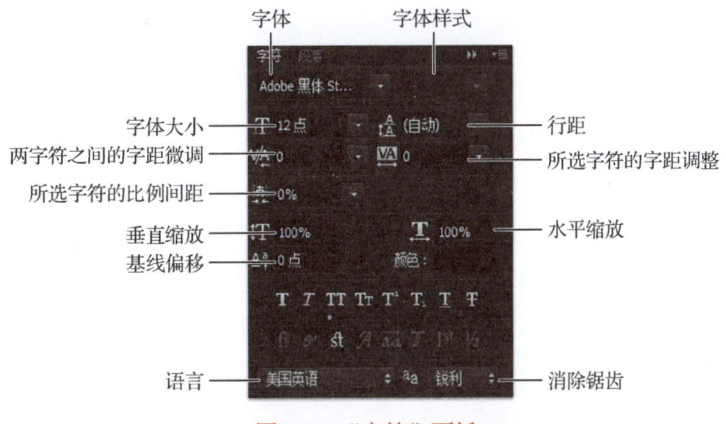

图1-30 "字符"面板

(12)"段落"面板：用于控制文字的段落格式，包括段落对齐、段落缩排、段落间距等。

"段落"面板如图 1-31 所示。

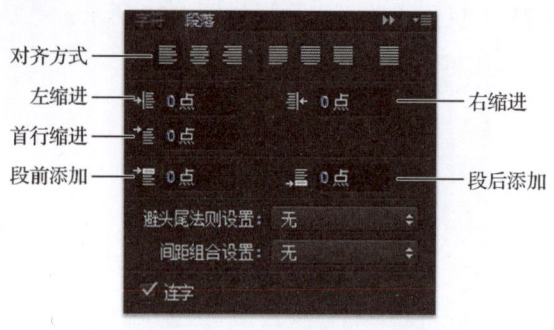

图 1-31 "段落"面板

### 1.3.2 图层的认识

以图层为模式的编辑方式是 Photoshop 的核心思路,在 Photoshop 中,图层是使用 Photoshop 编辑处理图像时的必备元素。通过图层的堆叠与混和可以制作出多种效果。分图层是 Photoshop 的关键特性之一,良好的分图层有助于设计更完美地展示和修改。首先认识一下 Photoshop 中图层的类型。

图层组:管理图层,以便于随时查找和编辑图层。

中性图层:填充了中性色的特殊图层,结合特定的混和模式可以达到一定效果。

剪贴蒙版图层:可以使用一个图层中的图像来控制其上多个图层内容的显示范围。

当前图层:当前选择的图层。

链接图层:保持链接状态的多个图层,可以同时进行移动、缩放等变换。

智能对象图层:包含智能对象的图层。

填充图层:通过填充色、渐变或图案来创建的图层。

调整图层:调整图像的色调,并且可以反复修改。

矢量蒙版图层:矢量形状的蒙版图层。

图层蒙版图层:添加了图层蒙版的图层,可以控制图层中图像的显示范围,从而达到与其下方图层融合的效果。

图层样式图层:添加了图层样式的图层,图层样式可以为图层快速创建各种特效。

变形文字图层:应用了变形效果的文字图层。

文字图层:使用文字工具输入文字时建立的图层。

3D 图层:包含置入的 3D 文件的图层。

每种图层在图层面板中的显示方式不同,如图 1-32 所示。

### 1.3.3 图层的操作

1)新建图层

新建图层的方式有两种。

第 1 种:通过菜单命令。执行"图层→新建→图层"命令,在弹出的"新建图层"对话框中设置图层的名称、颜色、混和模式和不透明度等，如图1-33所示。

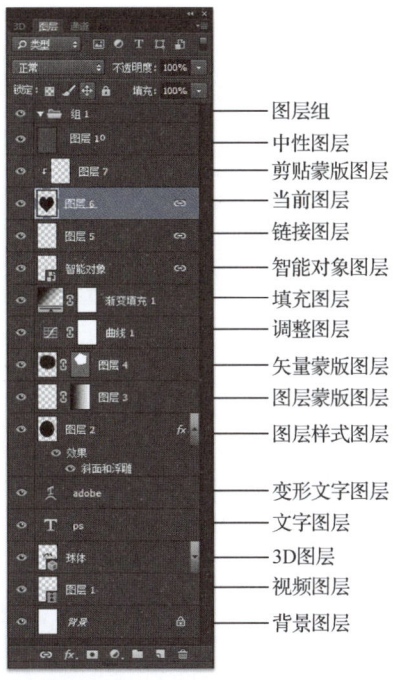

图1-32　各种图层认识

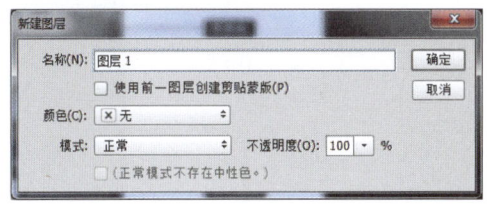

图1-33　新建图层对话框

第2种：通过图层面板。单击图层面板底部的"新建图层"按钮，即可在当前图层上方新建一个图层，如图1-34所示；如果要在当前图层的下方新建一个图层，则可以按住Ctrl键并单击"新建图层"按钮，如图1-35所示。

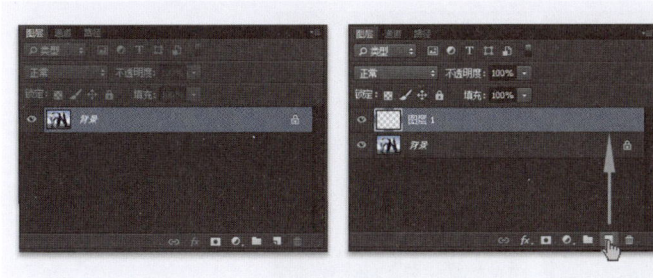

图1-34　在当前图层上方新建图层

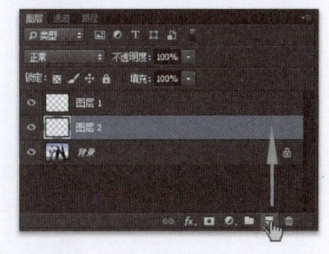

图1-35　在当前图层下方新建图层

2）复制图层

第1种：新建一个图层以后，执行"图层→新建→通过拷贝的图层"命令，可以将当前图层复制,如图 1-36 所示;若当前图像中存在选区,则执行该命令后只将选区中的图像复制到一个新图层中,如图 1-37 所示。

图 1-36　复制图层　　　　　　　　图 1-37　有选区的复制图层

第 2 种:选择一个图层,执行"图层→复制图层"命令,打开复制图层对话框,如图 1-38 所示,单击"确定"按钮。

第 3 种:选择要复制的图层,在图层面板单击右键,在弹出的菜单中选择"复制图层"命令,如图 1-39 所示,再在弹出的对话框中单击"确定"按钮。

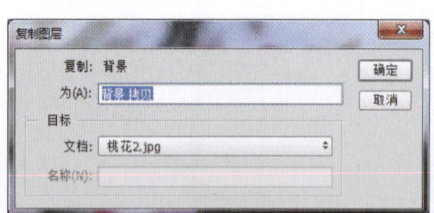
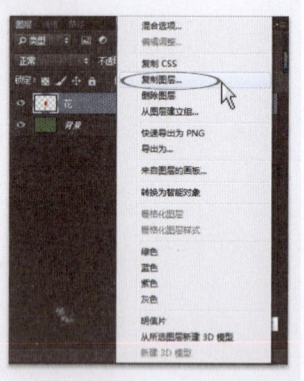

图 1-38　复制图层对话框　　　　图 1-39　利用快捷菜单复制图层

第 4 种:在图层面板中直接将要复制的图层拖曳到"新建图层"按钮 上,如图 1-40 所示,即可复制出该图层的副本。

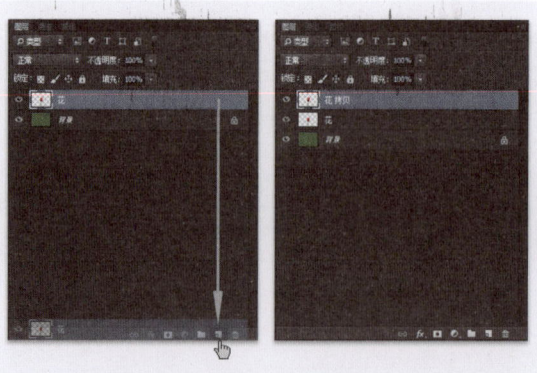

图 1-40　利用图层面板的"新建图层"按钮复制图层

3）选择图层

选择一个图层时，只要在图层面板中单击该图层即可。

选择多个连续的图层时，先选择顶端的图层，然后按住 Shift 键单击位于底端的图层。

选择不连续的图层时，先选择一个图层，然后按住 Ctrl 键单击其他图层的名称，即可选中多个非连续的图层。

4）删除图层

如果要删除一个或多个图层，则可以先将其选中，然后执行"图层→删除→图层"命令，如图 1-41 所示。

如果执行"图层→删除→隐藏图层"命令，则可以删除所有隐藏的图层。

5）显示与隐藏图层/图层组

图层面板上图层缩略图左侧的眼睛图标用来控制图层的可见性。有该图标的图层为可见图层，没有该图标的图层为隐藏图层。单击眼睛图标，可以在图层的显示与隐藏之间进行切换。

6）锁定图层

在图层面板顶部有一排锁定按钮，用来锁定图层的透明图像、图像像素和位置，以及锁定全部，如图 1-42 所示。

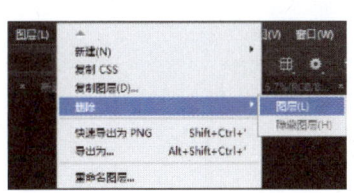

图 1-41　删除图层

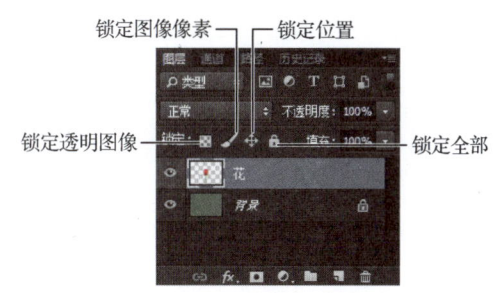

图 1-42　图层面板锁定按钮

## 思考与练习 1

打开思考与练习中的素材，绘制如下图所示的雪景图。

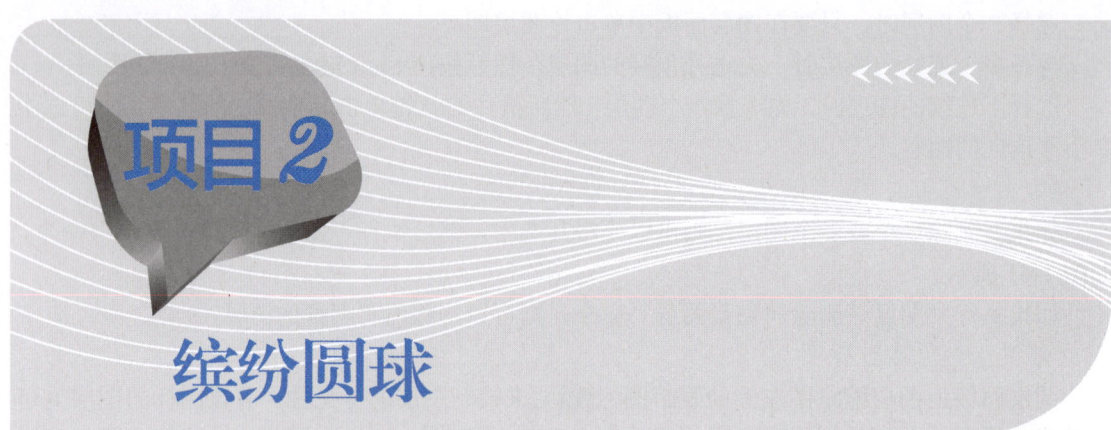

# 项目 2
## 缤纷圆球

缤纷圆球

　　选区是 Photoshop 重要的概念之一，本项目用简单的圆形选区与图层结合，通过对应图层的复制、图层不透明度的修改，以及图层链接等进行针对图层属性的编辑，同时运用选区的羽化属性制作圆形物体的投影、运用选区的载入选区命令制作不规则物体的投影，从而制作出绚丽多彩的圆球及其倒影和投影。

　　在本项目中继续复习使用移动工具 ![] 和渐变工具 ![]，渐变工具中涉及两种方式的渐变；学习使用两种新的工具，即椭圆选择工具 ![] 和橡皮擦工具 ![]。

### ➡ 能力目标

- 掌握渐变工具的 5 种渐变类型，并能修改渐变编辑器。
- 能使用椭圆选择工具建立正圆选区。
- 能使用选区的羽化为图层添加投影。
- 掌握通过命令及快捷键的方式载入图层选区。

## 2.1 渐变工具制作背景

（1）执行"文件→新建"命令，新建一个大小为 800 像素×600 像素，分辨率为 72 像素/英寸的文件，其他参数保持不变，文件名为"缤纷圆球"，如图 2-1 所示。

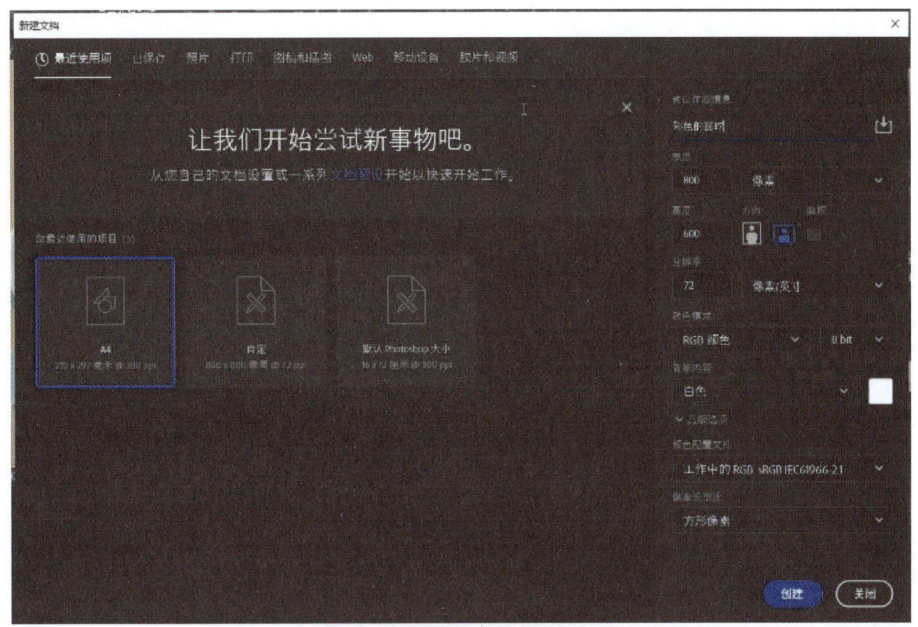

图 2-1　新建文档

（2）在工具箱的下方单击前景色修改按钮，修改前景色颜色为"#f2cd88"，如图 2-2 所示，背景色颜色为"#bf846f"，如图 2-3 所示。

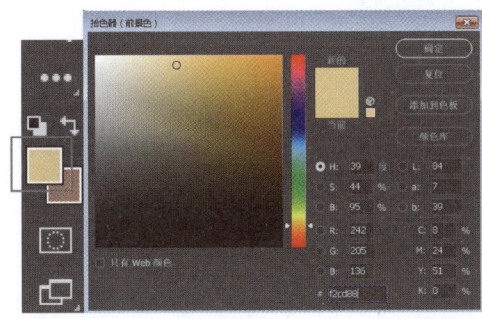
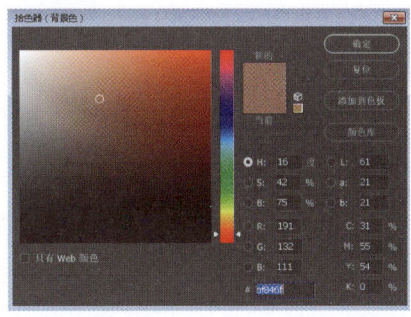

图 2-2　前景色修改　　　　　　　　　　图 2-3　背景色修改

（3）选择工具箱中的渐变工具，在渐变工具的属性栏中单击线性渐变按钮，并且设置渐变编辑器为预设中的"从前景色到背景色的渐变"（预设中的第一个），如图 2-4 所示。

（4）为了使渐变能垂直或水平填充，按住 Shift 键从左向右拉出渐变，也可以向对角线方向拉出渐变，如图 2-5 所示。

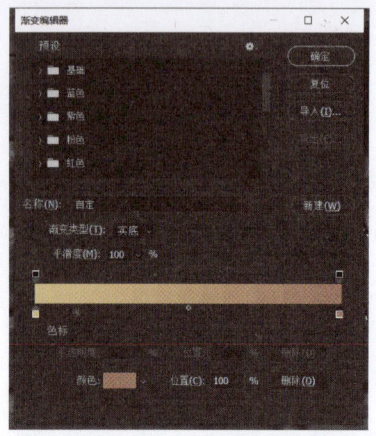
图 2-4 渐变编辑器

图 2-5 渐变填充后的效果

## 2.2 椭圆选择工具建立选区

（1）在图层面板右下角，单击新建图层按钮 ，将新建图层命名为"圆球 1"，如图 2-6 所示。

图 2-6 新建"圆球 1"的图层面板

（2）选择工具箱中的椭圆工具，按住 Shift 键从中心向外拉出一个圆形选区，如图 2-7 所示。

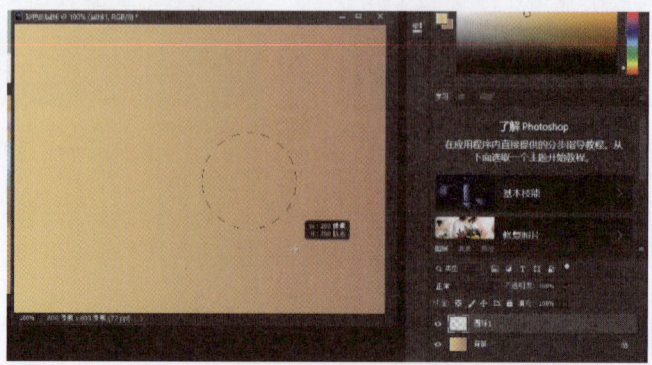
图 2-7 建立圆形选区

（3）选择工具箱中的渐变工具，在属性栏中单击径向渐变按钮，在渐变编辑器面板中修改渐变颜色为从"#d9f8f8"到"#a0d9d9"及"#baeeef"的三色渐变，三个色标的位置如图 2-8 所示。

（4）选中圆球图层，在选区的左上角到右下角拉出径向渐变，得到一个蓝色圆球，如图 2-9 所示，按 Ctrl+D 键可以取消选择。

（5）如果高光部分不够明显，则可以使用画笔工具，来降低画笔硬度、不透明度及流量，设置前景色为白色，并涂在圆球高光位置上。

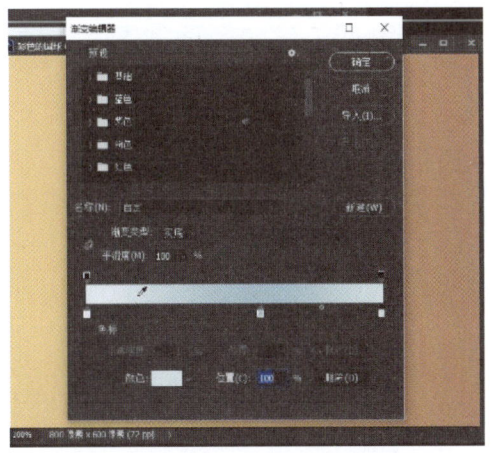
图 2-8　在渐变编辑器中修改渐变颜色

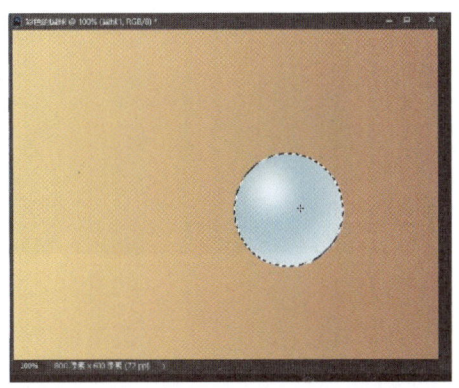
图 2-9　渐变色填充选区的效果

## 2.3　图层的复制与命名

（1）回到图层面板，拖动圆球图层到新建图层按钮上，复制出一个新的圆球图层，重新命名为"圆球 2"，如图 2-10 所示，得到复制的圆球。由于位置重叠，看不出变化，可以选择工具箱的移动工具，拖动图层"圆球 2"中的圆球位置，使其不与第一个圆球重合，如图 2-11 所示。

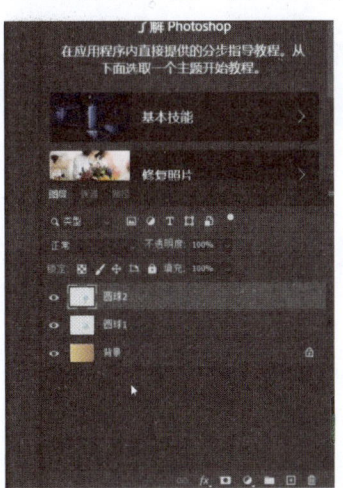
图 2-10　复制后的图层面板

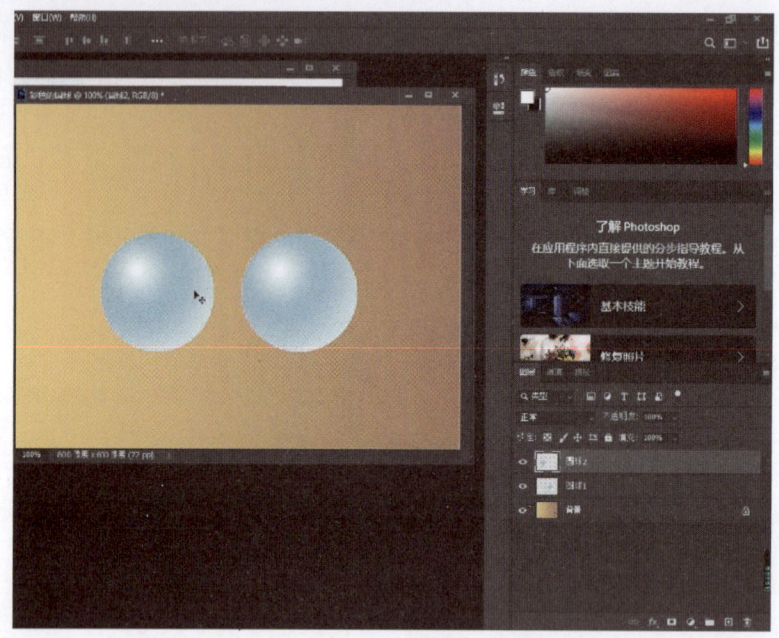

图 2-11　复制出的圆球图层

（2）单击"圆球 1"图层，在菜单栏下找到"图像→调整→色相饱和度"或使用 Ctrl+U 键，得到不同颜色的圆球，调整色相及饱和度，如图 2-12 所示。

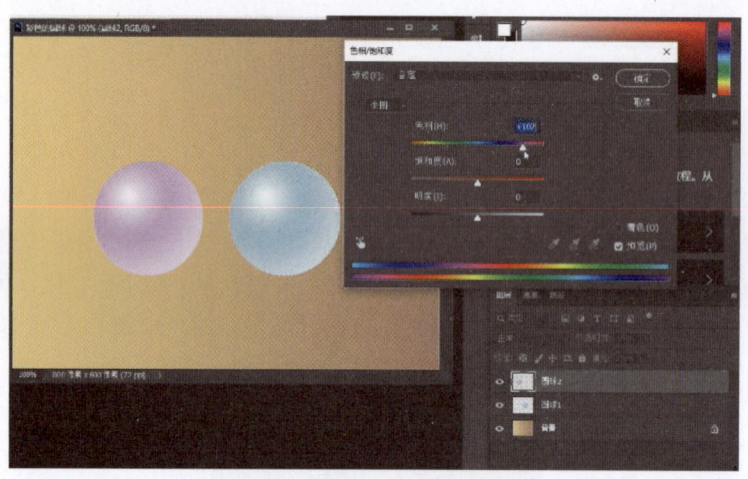

图 2-12　调整色相及饱和度

（3）重复执行第（1）、（2）步，复制出更多圆球，调整出不同颜色，如图 2-13 所示。选择工具箱中的移动工具，先在属性栏中勾选"自动选择图层"，再勾选"显示变换控件"，利用移动工具的"显示变换控件"，调整圆球的大小，并移动圆球到合适的位置，如图 2-14 所示。

（4）在图层面板中选择"圆球 1"图层并复制一个新的圆球，把新圆球图层命名为"圆球 1 倒影"，拖动该图层到"圆球 1"图层下方，如图 2-15 所示。

（5）单击蓝色倒影，使用移动工具，将蓝色倒影图层移到蓝色圆球下方，边缘接触，执行"编辑→变化→垂直翻转"命令，效果如图 2-16 所示，在图层面板中调整倒影图层的不透明度为 20%。

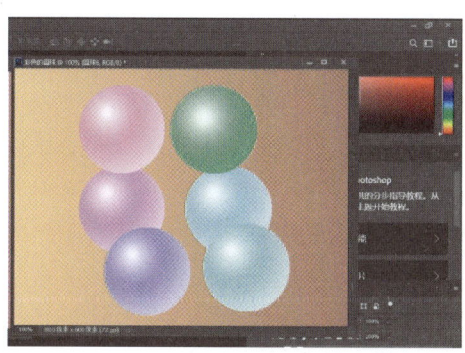

图2-13 调整圆球颜色

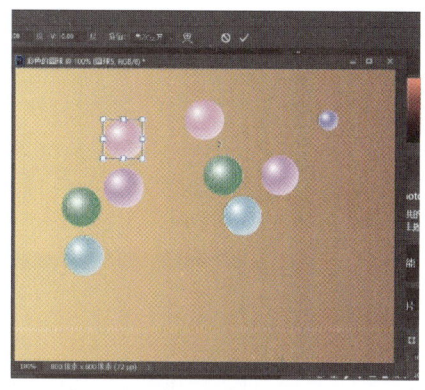

图2-14 调整圆球位置及大小

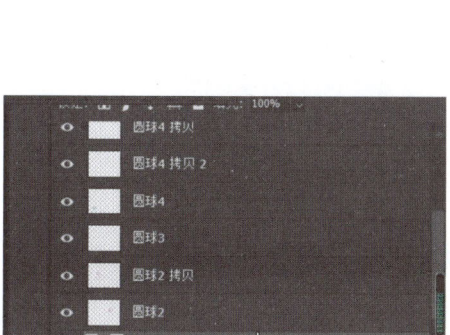

图2-15 倒影的图层顺序

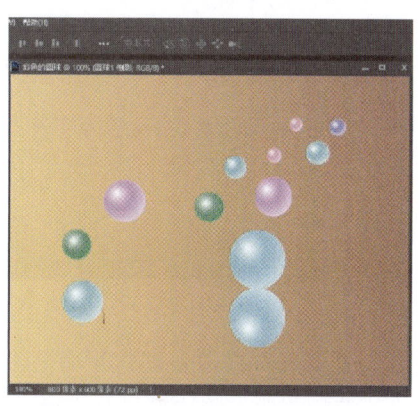

图2-16 加入倒影的圆球效果

（6）为了使倒影图层更加真实，越到下方，倒影越淡，选择工具箱的橡皮擦工具 ，在属性栏设置画笔硬度为0，即为柔角画笔，减小橡皮擦的"不透明度"及"流量"。

在倒影图层来回擦涂，使倒影的下半部分降低透明度，从而更加真实。

（7）重复执行第（5）、（6）步，为画面中的其他圆球也加入倒影，效果如图2-17所示。

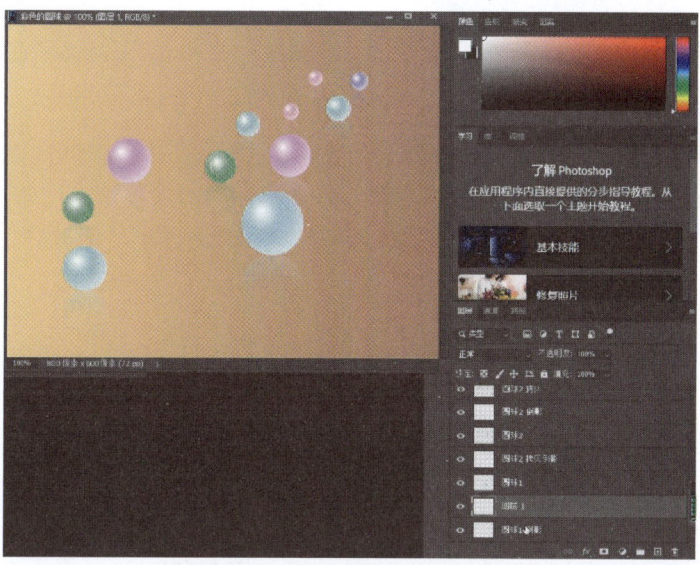

图2-17 所有圆球加入倒影的效果

## 2.4 羽化的选区做投影

（1）新建一个图层，命名为"蓝色投影"，选择椭圆工具，在下方建立一个椭圆选区，如图 2-18 所示。

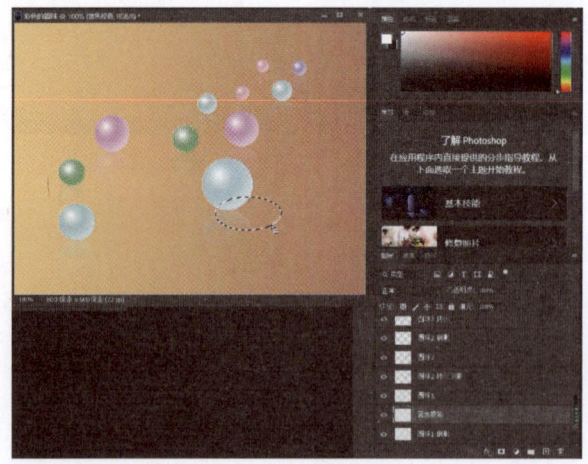

图 2-18　建立椭圆选区

（2）执行"选择→修改→羽化"命令，输入羽化半径为 10，如图 2-19 所示。

（3）在"蓝色投影"图层上执行"编辑→填充"命令，如图 2-20 所示。在内容中选择"颜色"，并且设置为黑色，单击"确定"按钮。执行"选择→取消选择"命令或按 Ctrl+D 键可以取消选择。

图 2-19　羽化选区对话框

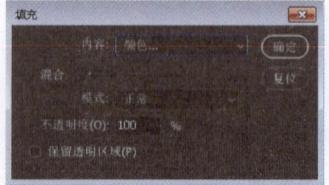

图 2-20　填充对话框

（4）按 Ctrl+T 键把投影移到合适的位置和角度，并且在图层面板中降低该图层的不透明度。

（5）重复执行第（1）、（2）、（3）、（4）步为其他圆球加入投影效果，如图 2-21 所示。

图 2-21　加入投影效果

## 2.5 图层的链接

（1）为了使后期可以更加随意地移动或变换圆球，把圆球、圆球的投影及倒影的图层进行链接。以红色圆球为例，选中红色"圆球"图层和"蓝色圆球倒影"图层及"蓝色投影"图层，并单击图层面板下方的链接图层按钮 ，将三个图层链接起来，图层面板上每个图层后面都增加了链接图形 ，如图 2-22 所示。当移动红色圆球的时候，它的倒影及投影都能同时移动。

图 2-22　链接图层效果

（2）对其他颜色圆球的图层做相同链接处理，当需要单独移动的时候，可以把链接图层解除：首先选中链接的图层，然后单击图层面板上的链接按钮 ，则可以将图层解除链接。

（3）执行"文件→打开"命令，打开素材中的"陶瓷罐.psd"文件，如图 2-23 所示。利用移动工具 ，将陶瓷罐移动到彩色圆球上，把陶瓷罐图层移动到背景层的上方，按 Ctrl+T 键对陶瓷罐的大小进行调整，并按 Enter 键进行确认，如图 2-24 所示。

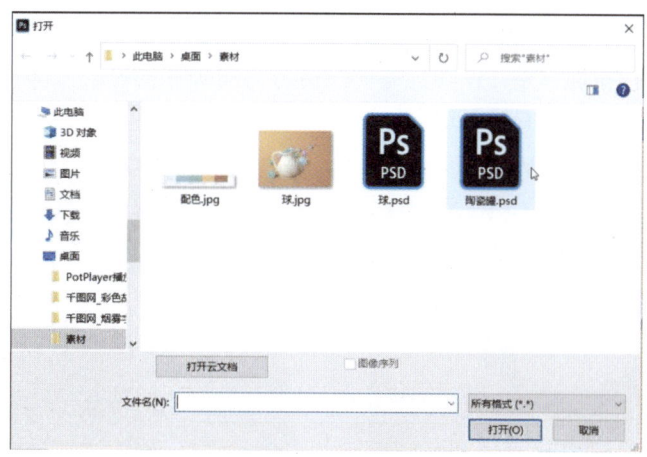

图 2-23　导入素材对话框

（4）为了使图层面板显得有序且简单，按 Shift 键选中所有的圆球图层，执行"图层→图层编组"命令，将组名命名为"圆球"。

（5）用做圆球倒影的方法做陶瓷罐的倒影，首先复制"陶瓷罐"图层，然后把复制的图层拖动到"陶瓷罐"图层的下方，并将其命名为"陶瓷罐倒影"。对"陶瓷罐倒影"图层执行"编辑→变换→垂直翻转"命令或按 Ctrl+T 键后单击右键选择"垂直翻转"，同时降低该图层的不透明度，用橡皮擦工具 轻轻擦淡倒影的下半部分。

图 2-24 导入陶瓷罐后的效果

（6）做陶瓷罐的投影。在"陶瓷罐"图层下建立新的图层，并命名为"陶瓷罐的投影"。按住 Ctrl 键并用鼠标在图层面板上单击陶瓷罐的缩略图，即可载入陶瓷罐的选区。执行"选区→修改→羽化"命令，在面板中输入羽化半径为 10，设置前景色为黑色，按 Alt+Delete 键对选区进行填充，然后按 Ctrl+D 键取消选区。

（7）对"陶瓷罐的投影"图层执行"编辑→变换→扭曲"命令，并把中心控点移动到下边缘，对黑色的投影进行扭曲调整，使陶瓷罐的投影方向与圆球的投影方向保持一致，如图 2-25 所示。缤纷圆球最后效果图如图 2-26 所示。

图 2-25 调整倒影　　　　　　　　图 2-26 缤纷圆球最后效果图

## 2.6 Photoshop CC 相关知识

### 2.6.1 选区的认识

若要在 Photoshop 中处理图像的局部效果而非整体，就要为该图像指定一个有效的编辑区域，这个编辑区域就是选区。

通过建立选区，可以对该区域进行编辑，并保持未选定区域不被改动。比如在前面的项目中，用椭圆选择工具建立选区后用渐变工具填充出一个圆球，而在未建立任何选区时，用渐变工具填充的是整张图像的背景，如图2-27所示。

图 2-27　利用选区填充

另外，选区可以将对象从一张图中分离出来，如本项目中的陶瓷罐，就是通过建立选区的方式从原图中分离出来的，便于后面的设计与操作，如图2-28所示。

图 2-28　利用选区抠图

## 2.6.2　建立选区的方式

1）选框选择法

形状比较规则的图形，如圆形、椭圆形、正方形、长方形可以用矩形工具▣或椭圆工具◯选择，如图2-29所示。

 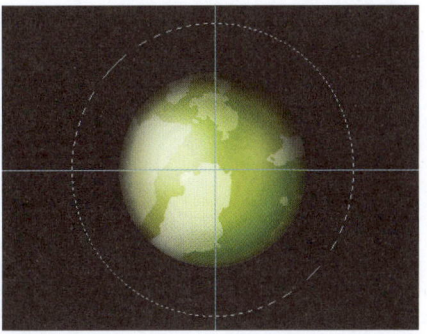

图 2-29　规则图形的选区

形状不规则的选区转折处比较强烈的图形可以用多边形套索工具 进行选择，如图 2-30 所示。形状不规则且背景色比较单一的图像，可以使用魔棒工具 进行选择（用魔棒工具先选择背景，然后执行"选择→反选"命令即可选择对象），如图 2-31 所示。

图 2-30　多边形套索建立的选区　　　　图 2-31　魔棒工具建立的选区

2）路径选择法

钢笔工具 是一个矢量工具，用它可以绘制出光滑的曲线路径，如果对象的边缘比较光滑且形状不规则，就可以首先使用钢笔工具建立路径，然后将路径转换为选区即可选择对象，如图 2-32 所示。

图 2-32　将路径转换为选区

3）色调选择法

除魔棒工具 、快速选择工具 、磁性套索工具 外，基于色调之间的差异来创建选区的还有"选择"菜单下的"色彩范围"命令，如图 2-33 所示。

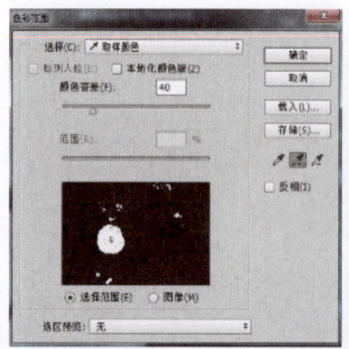

图 2-33　使用"色彩范围"命令建立选区

4）通道选择法

如果要从原图中抠取玻璃、毛发、婚纱等特殊图像，就需要使用通道，如图2-34所示。

图2-34　使用通道建立选区

步骤如下：

（1）在通道面板对比红、绿、蓝三个单色通道，红色通道中婚纱的显示最清晰，复制红色通道，执行"选择→载入选区"命令，在载入选区对话框中选择通道为"红 拷贝"，如图2-35所示。

（2）回到图层面板，在该选区范围下对背景图层进行复制，得到一个新的图层，命名为"婚纱1"，如图2-36所示。

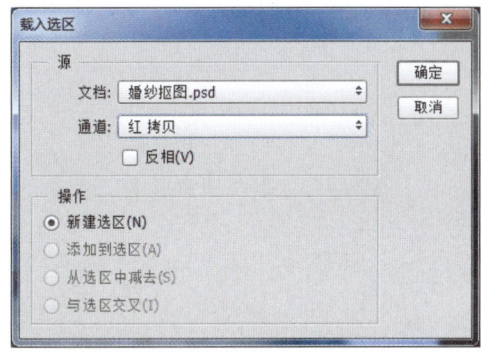 

图2-35　载入选区对话框　　　　图2-36　从通道复制到图层

（3）打开"海景.jpg"文件，拖到"婚纱1"图层下方。

（4）复制背景图层，拖到"婚纱1"图层上方，并为该图层建立蒙版图层，用黑色画笔涂抹黑色背景部分及婚纱透明处，即可更换婚纱的图像背景，如图2-37所示。

5）快速蒙版选择法

单击工具箱中的"以快速蒙版模式编辑"按钮，就可以进入快速蒙版编辑模式，在该模式下，可以使用绘画工具及滤镜对选区进行特殊处理。最基本的方式是使用画笔工具，前景色为白色进行涂抹，是增大选区范围，前景色为黑色进行涂抹，则是减小选区范围，直到对编辑的选区满意为止，单击"退出以快速蒙版模式编辑"按钮，即可建立合适的选区，如图2-38所示。使用这种方式在选择比较细小的区域时有极大的优势。

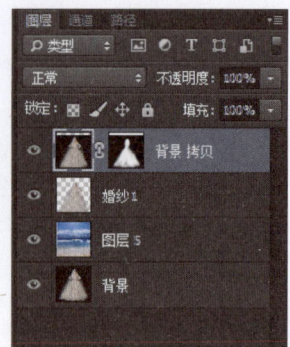

图 2-37　与背景合成效果

图 2-38　使用快速蒙版建立的选区

## 2.6.3　选区的运算

当使用框选工具、套索工具等创建选区时，属性栏中就会出现选区运算的相关工具，如图 2-39 所示。

（1）新选区图标■。单击该图标，可以创建一个选区。如果已经存在一个选区，则新创建的选区会替代原来的选区。

（2）添加到选区图标■。单击该图标，可以把当前创建的选区添加到原来的选区中（按 Shift 键可以实现相同的功能），如图 2-40 所示，要选择所有的窗格，需先按添加到选区图标■。

图 2-39　选区运算相关工具　　图 2-40　用添加到选区方式建立多个选区

（3）从选区减去图标■。单击该图标，可以将当前选区从原来的选区中减去（按 Alt 键可以实现相同的功能）。如图 2-41 所示先选中两个窗格，单击从选区减去图标■，然后建立中间的柱子选区，即可得到需要的选区。

图 2-41　用从选区减去方式建立精确选区

（4）与选区交叉图标■。单击该图标，在新建选区时，只保留原来选区与新建选区相交的区域。

### 2.6.4　选区的修改

#### 1）移动选区

使用矩形选框工具■、椭圆选择工具■创建选区时，在松开左键之前按住空格键，并拖曳光标即可移动选区；若要移动使用其他工具建立的选区时，则先在属性栏单击选区运算模式为建立新的选区图标■，即可移动选区。若是小幅度移动选区，则可以在创建完选区以后按键盘上的方向键进行移动。

#### 2）变换选区

执行"选区→变换选区"命令，即可对选区进行移动、旋转、缩放等操作，如图 2-42 所示为旋转选区。

#### 3）修改选区

执行"选区→修改"命令，即可对选区进行边界、平滑、扩展、收缩、羽化处理，如图 2-43 所示。

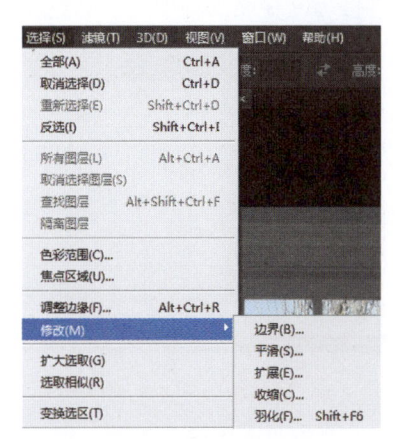

图 2-42　旋转选区　　　　图 2-43　修改选区菜单

如图 2-44 所示，对选区进行 4 像素边界处理。

图 2-44　使用边界命令处理选区

执行"选区→修改→平滑"命令，可以对所建立的选区进行平滑处理。

建立选区以后，如果要将选区向外扩展，则可执行"选区→修改→扩展"命令，并且在弹出的对话框中设置扩展的像素；若要把选区向内收缩，则执行"选区→修改→收缩"命令，并且在弹出的对话框中输入"收缩量"的数值。

羽化选区是通过建立选区和选区周围像素之间的转换边界来模糊边缘的，这种模糊方式将丢失选区边缘的一些细节，如图 2-45 所示为羽化 30 像素后填充白色的效果。

图 2-45　羽化 30 像素后填充白色的效果

## 2.6.5　选区的保存

创建选区以后，执行"选择→存储选区"命令，弹出如图 2-46 所示的对话框；或在通道面板中单击"将选区存储为通道"按钮，即可将选区保存到通道中，如图 2-47 所示。

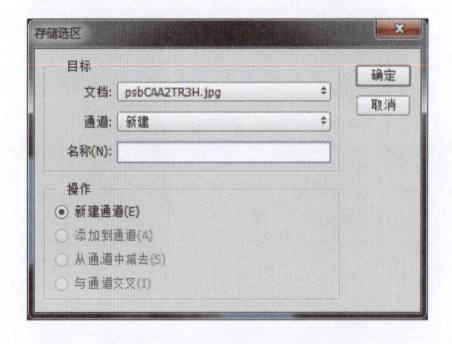

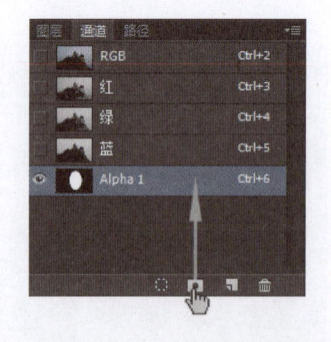

图 2-46　存储选区对话框　　　　图 2-47　将选区存储为通道

下次需要用到所存储的选区时，可执行"选择→载入选区"命令，如图 2-48 所示，在通

项目2　缤纷圆球

道选项选择对应的 Alpha 通道。

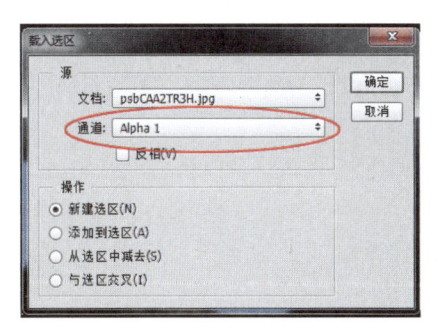

图 2-48　载入选区对话框

## 思考与练习 2

打开思考与练习中的素材，做出如下图所示的效果。

# 项目 3

## 神秘星际

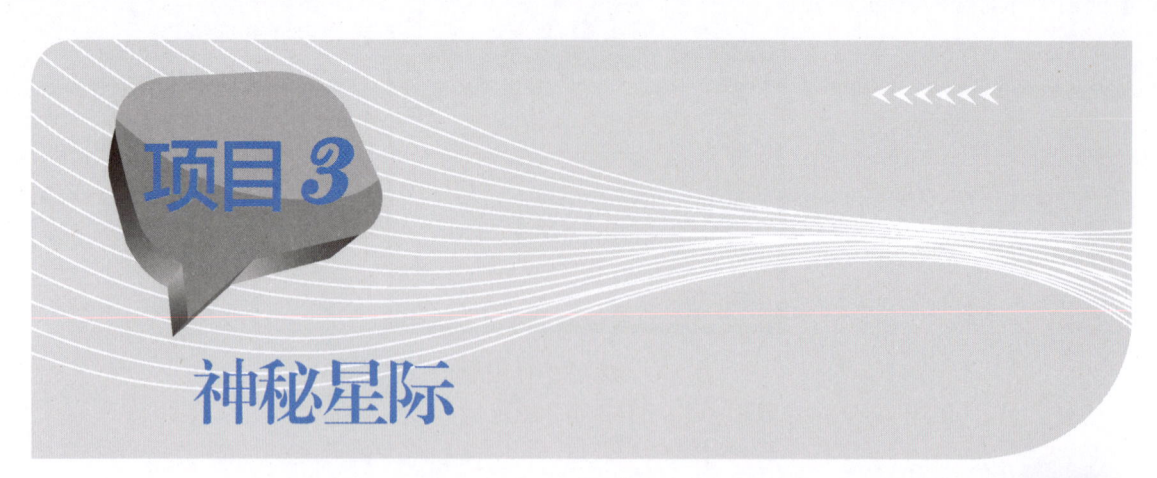

神秘星际

利用图像的变形来制作土星的光环,利用图层的顺序做出光环在土星外圈的效果,在本例中用到图层的链接、图层的隐藏等基本操作。用到的工具有移动工具、渐变工具、椭圆选区工具、矩形选框工具和对象选择工具。

### ➡ 能力目标

- 能使用图像的变形命令对图像进行缩放、旋转等操作。
- 掌握图层分层的方法、图层链接的作用。
- 掌握使用魔棒工具进行简单的抠图。
- 掌握使用"选择并遮住"命令对选区进行优化。
- 能使用滤镜为图像添加特殊效果。

## 3.1 图像的变形

（1）启动 Photoshop CC，执行"文件→打开"命令，打开素材中的"土星球体.psd"文件。在已有土星球体的基础上，为土星加入光环。

（2）执行"视图→标尺"命令或按 Ctrl+R 组合键，为窗口打开标尺，使用移动工具，从左边的标尺拖动鼠标到球体的中心位置，拖出一条纵向参考线，从上边的标尺拖动鼠标到球体的中心位置，拖出一条横向参考线，如图 3-1 所示（本步骤的目的是找出圆的中心点）。

（3）选择工具箱中的椭圆选区工具，按住 Shift+Alt 组合键，从两条参考线的交点开始拖出一个正圆选区（范围比圆球大），如图 3-2 所示。

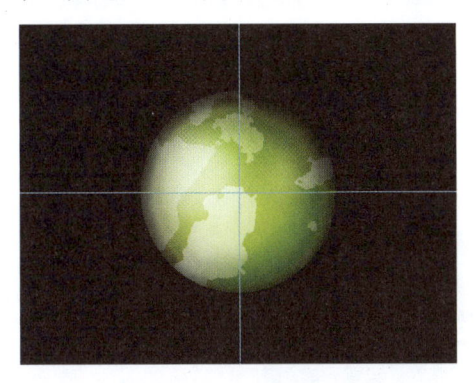

图 3-1 利用参考线找出球体的中心点　　图 3-2 从中心建立的选区

（4）选择工具箱中的渐变工具，先在属性栏单击径向渐变按钮，再单击渐变编辑器修改渐变颜色，如图 3-3 所示。把色标滑块移到右侧，（在任意位置处单击即可增加一滑块，拖住色标滑块往下拉即可删除该滑块）将色标滑块增加到 5 个，颜色值从左到右分别为"#ccd147""#0a732c""#fdfdf6""#76cc31""#e6f00a"。单击"确定"按钮，关闭渐变编辑器。

（5）新建图层，并命名为"光环"，在本图层中，从参考线的交点开始向圆形选区边缘拉出一个渐变，如图 3-4 所示。

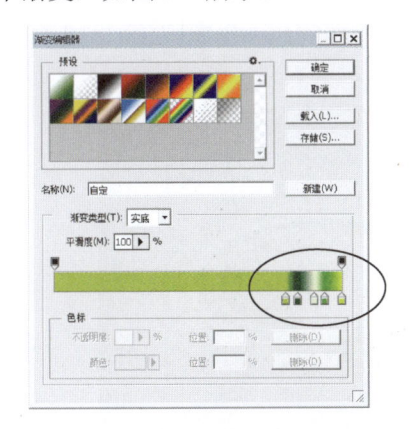

图 3-3 利用渐变编辑器修改渐变颜色　　图 3-4 渐变填充选区

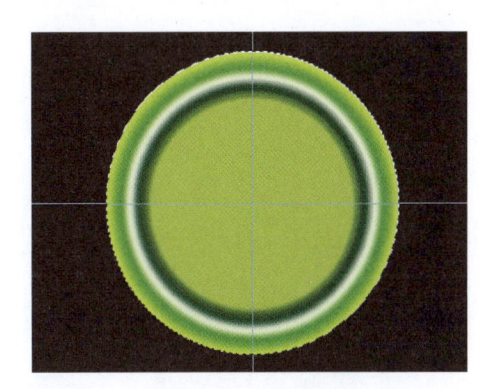

（6）按住 Ctrl 键，单击图层面板上"圆"图层的缩略图，并载入该图层的选区，如图 3-5

所示。单击"光环"图层，按 Delete 键，删除选区内容，得到一个圆环，执行"选择→取消选区"命令或按 Ctrl+D 键取消选区，如图 3-6 所示。

图 3-5　载入球体选区　　　　　　图 3-6　删除选区后

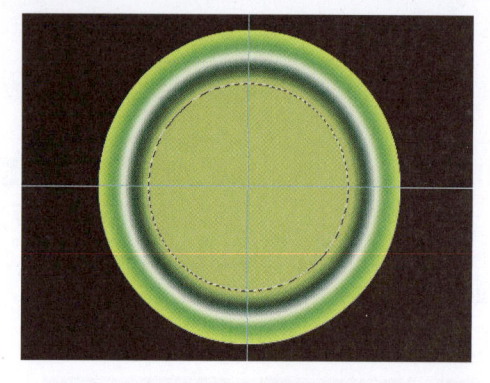

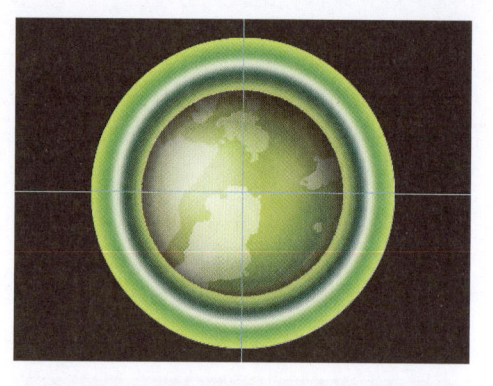

（7）执行"编辑→变换→缩放"命令或按 Ctrl+t 键，按 Shift 键对圆环进行纵向压扁。为保证在缩放的过程中中心点位置不变，可以按住 Alt 键的同时调整控点。得到压扁的椭圆环，如图 3-7 所示，单击属性栏中的确认图标 或按 Enter 键对变换进行确认。

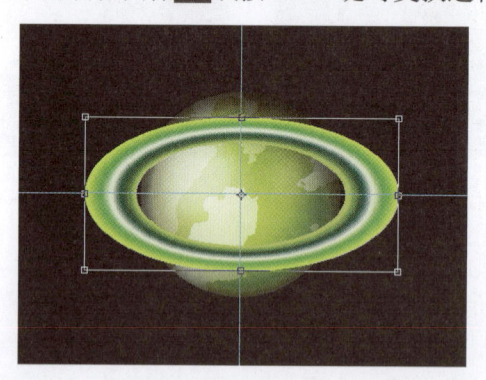

图 3-7　圆环压扁后的效果

（8）为了让光环在球体的外面，则必须把光环的上半部分从原图层中分割出来，并放入新的图层。单击工具箱中的矩形选框工具 ，如图 3-8 所示，在画布上框选圆环的上半部分，如图 3-9 所示。

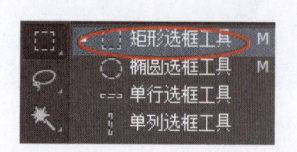

图 3-8　矩形选框工具　　　　　　图 3-9　建立选区

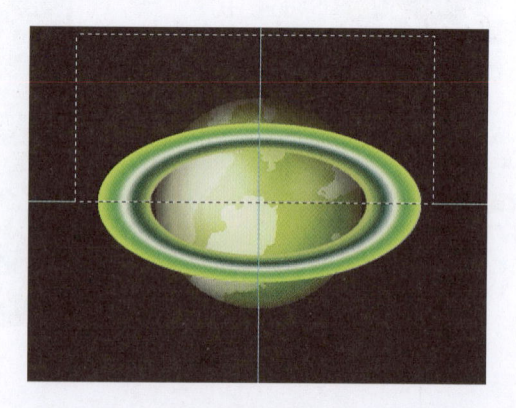

(9) 首先执行"图层→新建→通过剪切的图层"命令，如图 3-10 所示，或者按 Shift+Ctrl+J 组合键，得到一个新的图层，并命名为"圆环上半部分"，然后把该图层移动到"圆"图层的下方。图层剪切后的顺序如图 3-11 所示。土星效果如图 3-12 所示。

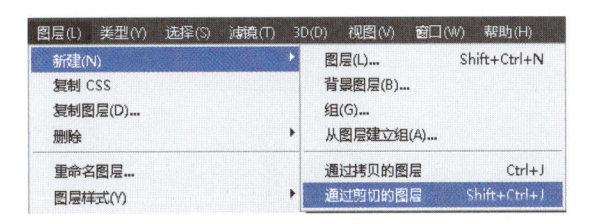

图 3-10　剪切图层的菜单

图 3-11　图层剪切后的顺序　　　　图 3-12　土星效果

(10) 为了便于移动和调整，需要把圆环的两个图层进行链接。首先在图层面板上按 Ctrl 键，选中"光环"图层和"圆环上半部分"图层，然后单击图层面板上的"图层链接"按钮 将两图层链接，如图 3-13 所示。

(11) 执行"编辑→变换→旋转"命令，指针在界定框边上变成 形状，对圆环的两图层进行旋转，如图 3-14 所示（为突出指针的形状，此处把背景改成了白色）。按 Enter 键确认本次旋转。

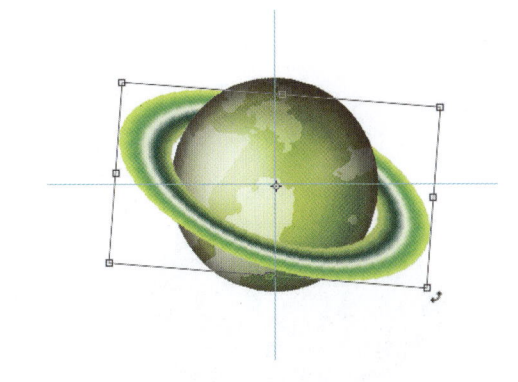

图 3-13　链接图层　　　　　　图 3-14　旋转链接的图层

(12) 在图层面板中，单击"背景"图层的隐藏按钮 ，将黑色的背景图层进行隐藏，按 Ctrl+Alt+Shift+E 组合键，盖印图层，得到一个新图层，将新图层命名为"土星"。如图 3-15 所示，红圈部分表示隐藏图层。执行"文件→存储"命令对文件进行保存。

（13）执行"文件→打开"命令，打开素材中的"背景素材.psd"文件，并把上一步骤中已经盖印的"土星"图层复制到"背景.psd"文件上，效果如图 3-16 所示。

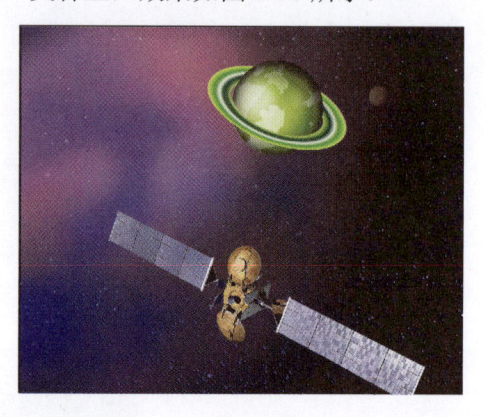

图 3-15　隐藏背景图层　　　　　　　图 3-16　与背景合成后的效果

## 3.2　调整边缘优化选区

（1）执行"文件→打开"命令，打开素材中的"地球素材.psd"文件。为了从白色背景中将地球选择出来，先选择工具箱中的对象选择工具，再在属性栏中单击选择主体按钮 选择主体 ，即可建立地球形状选区，如图 3-17 所示。

（2）为了优化选区，执行"选择→选择并遮住"命令，或者在属性栏中单击选择并遮住按钮 选择并遮住... ，打开选择并遮住对话框，如图 3-18 所示。

图 3-17　利用选择主体命令建立选区　　　　图 3-18　选择并遮住对话框

项目3　神秘星际

（3）在属性框的"视图模式"中选择"黑白",增加"调整边缘"选项中的平滑值,增大对比度,单击"确定"按钮确认选区的优化。

（4）执行"编辑→复制"命令,回到"背景素材.psd"文件,执行"编辑→粘贴"命令,将地球图像复制到背景文件中,选择工具箱中的移动工具,将地球移动到合适位置,效果如图3-19所示。

图3-19　加入地球素材后的效果

## 3.3　与背景的融合

（1）在图层面板中拖动地球所在的图层,并将其放到卫星图层与土星图层的中间,在地球图层和卫星图层分别执行"编辑→变换→缩放"命令或按Ctrl+T键,将地球放大、卫星缩小;降低土星所在图层的不透明度使其有在远处的效果。

（2）在图层面板中单击背景图层,执行"滤镜→渲染→镜头光晕"命令,在打开的面板中首先选择"105毫米聚焦"并在画布上单击需要出现镜头光晕效果的位置,然后单击"确定"按钮。

（3）执行"文件→存储"命令对文件进行保存,最后效果如图3-20所示。

图3-20　最后效果

## 3.4　Photoshop CC 相关知识——选区边缘的优化

"选择并遮住"命令可以对选区的半径、平滑、羽化、对比度、移动边缘等属性进行调整。

创建选区以后可以在属性栏中单击选择并遮住按钮 选择并遮住... 或执行"选择→选择并遮住"命令，打开选择并遮住属性面板，如图 3-21 所示。

1）视图模式

选择一个合适的视图模式，可以更加方便地查看选区的调整结果，如图 3-22 所示。

图 3-21　选择并遮住属性面板　　图 3-22　选择并遮住的视图模式

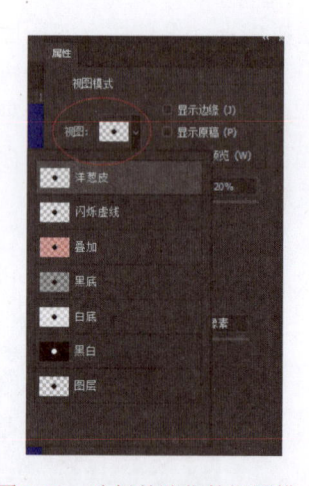

各视图的显示模式如图 3-23 所示。

2）边缘检测

使用"边缘检测"选项组可以抠出细密的毛发，如图 3-24 所示。

（1）调整半径工具：可以扩展检测边缘。

（2）抹除调整工具：可以恢复原始边缘。

（3）智能半径：自动调整边界区域中发现的硬边缘半径和柔化边缘半径。

（4）半径：去掉发生边缘调整的选区边界的大小。如果边缘较锐利，则使用较小的半径；如果边缘较柔和，则使用较大的半径。

洋葱皮　　　　　　闪烁虚线　　　　　　叠加　　　　　　白底

黑白　　　　　　背景图层　　　　　　显示图层

图 3-23　各视图的显示模式

图 3-24　边缘优化后建立的图层

3）全局调整

"全局调整"选项组主要用来对选区进行平滑、羽化等处理，如图 3-25 所示。

（1）平滑：减小选区边界中的不规则区域，创建较平滑的选区轮廓。

（2）羽化：模糊选区与周围像素之间的过渡效果。

（3）对比度：锐化选区边缘。通常情况下，与"智能半径"选项调整出来的选区配合使用效果会更好。

（4）移动边缘：当设置为负值时，可以向内收缩选区边界；反之，可以向外扩展选区边界。

4）输出设置

"输出设置"选项组用来消除选区边缘的杂色，以及设置选区的输出方式，如图 3-26 所示。

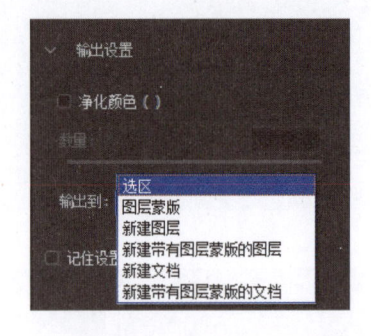

图 3-25　全局调整　　　　　图 3-26　"输出"选项组

（1）净化颜色：将彩色杂边替换为附近完全选中的像素颜色。

（2）数量：用来设置净化彩色杂边的替换程度。

（3）输出到：设置选区的输出方式，包括选区、图层蒙版、新建图层、新建带有图层蒙版的图层、新建文档、新建带有图层蒙版的文档。

## 思考与练习 3

利用选区工具、渐变工具及画笔工具做出如下图所示的效果。

# 项目 4

## 偷天换日

偷天换日

本项目由多个任务组成。通过建立选区的工具（套索工具 、矩形选框工具 、魔棒工具 、快速选择工具 ）、快速蒙版 、钢笔工具 及色彩范围选择命令对图像进行换背景处理。

### 🔵 能力目标

- 能根据图像的特性选择合适的抠图方法。
- 能使用快速蒙版建立和编辑选区。
- 掌握建立不规则选区的工具，如套索工具、快速选择工具等。
- 能使用钢笔工具建立复杂路径，并掌握路径与选区的关系。
- 掌握用色彩范围选择命令建立图像选区。

## 4.1 文化校园

### 4.1.1 使用多边形套索工具建立选区

（1）启动 Photoshop CC，执行"文件→打开"命令，打开素材中的"橱窗.jpg"文件。

（2）双击图层面板上的背景图层，在弹出的对话框中修改图层名称为"橱窗"，如图 4-1 所示。单击"确定"按钮，把之前的背景图层转换为普通图层。

（3）单击工具箱中的套索工具组，在弹出的面板中选择多边形套索工具，如图 4-2 所示。（多边形套索工具一般用来选择规则的多边形选区，而同一组的磁性套索工具用来选择不规则的形状且要选择的对象和背景在色彩上有较大的对比度。）

图 4-1　将背景图层转换为普通图层　　　图 4-2　多边形套索工具

（4）单击图像中第一个橱窗的左上角，沿着橱窗边缘拖动鼠标到边框的右上角并单击，以确定边线；继续沿着橱窗的纵向边缘拖动到边框的右上角并单击，以确定第二条边线；继续沿着橱窗的下边线拖动鼠标到边框的左下角并单击，以确定第三条边线；继续沿着橱窗的左边线拖动鼠标，直到和开始位置的点重合为止，此时多边形套索工具的下方会出现一个空心圆点，双击鼠标即可建立封闭的选区，如图 4-3 所示。

图 4-3　建立选区的单击顺序

（5）要在建立第一个橱窗选区的基础上增加第二个橱窗的选区，则需修改套索工具的模式为添加模式，在属性栏中单击"添加到选区"按钮。用与第（4）步相同的方式建立第二个橱窗的选区。如果单击的点有误，则可以先按 Delete 键取消点，再重新单击正确的点。为了建立更精确的选区，也可以先选择工具箱中的放大工具对视图进行放大，再用多边形套索工具建立选区，如图 4-4 所示。

图 4-4　建立橱窗的选区

（6）先按 Delete 键清除里面的内容，然后执行"选择→取消选区"命令或按 Ctrl+D 组合键取消选区。

## 4.1.2　图像的透视

（1）执行"文件→打开"命令，打开素材中的"橱窗内容 1.jpg"和"橱窗内容 2.jpg"，使用移动工具直接把图像拖动到橱窗文件中并移动到合适的位置，调整图层顺序，使其在"橱窗"图层的下方。图层顺序如图 4-5 所示。

（2）执行"编辑→变换→透视"命令，对橱窗内容 1 和橱窗内容 2 进行透视处理，使其符合橱窗的透视角度。透视后的橱窗内容如图 4-6 所示。

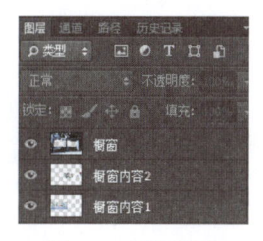

图 4-5　图层顺序

图 4-6　透视后的橱窗内容

（3）为使橱窗内容更加规整，需要删除多余部分。首先回到图层面板，用魔棒工具选取橱窗的左边部分，然后执行"选择→反选"命令，单击"橱窗内容 1"图层，按 Delete 键将多余部分删除。右边的橱窗内容也做相应的修改。

### 4.1.3 图层样式的内阴影

（1）为了使橱窗内容更好地融入橱窗，单击"橱窗内容 1"图层，执行"图层→图层样式→内阴影"命令，弹出如图 4-7 所示的对话框。

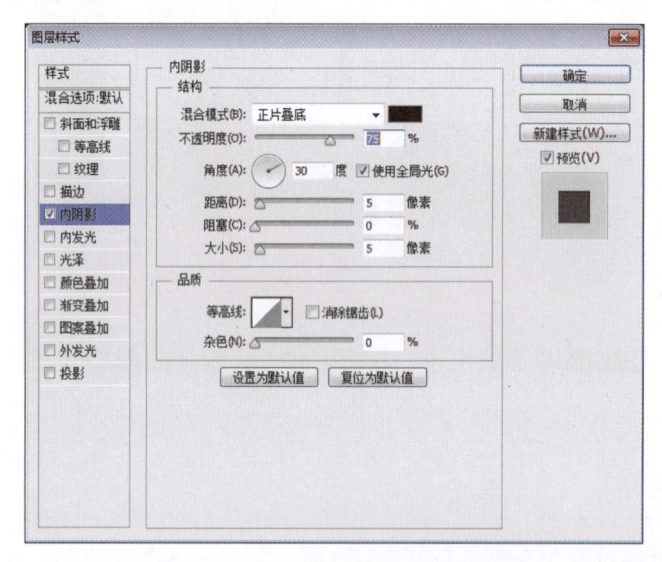

图 4-7 添加"内阴影"图层样式

（2）修改"内阴影"选项中的"距离""大小"参数，使"橱窗内容 1"图层有阴影效果。给"橱窗内容 2"图层添加相同的图层样式（或者在图层面板中按住 Alt 键并拖住效果图层将其移动到"橱窗内容 2"图层中，即可把"橱窗内容 1"的图层样式复制到"橱窗内容 2"图层中）。"文化校园"调整后的效果如图 4-8 所示。

图 4-8 "文化校园"调整后的效果

## 4.2 换背景

本节的主要任务是应用魔棒工具 选择大面积颜色相近的色块。前面章节中我们已经学习并使用了魔棒工具，本实例将再次带你感受魔棒工具的魅力。下面介绍使用魔棒工具建立选区的方法。

（1）执行"文件→打开"命令，打开素材中的"原图.jpg"，在图层面板中双击背景图层，在弹出的如图4-9所示的对话框中单击"确定"按钮，即可将背景图层转换为普通图层。

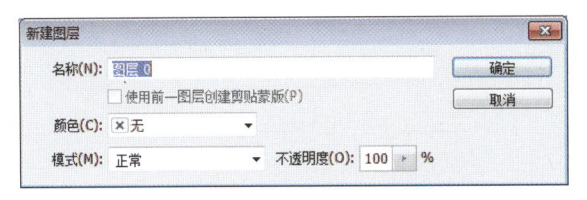

图4-9　将背景图层转换为普通图层

（2）选择工具箱中的魔棒工具 ，并修改属性栏中的属性 。
将容差值从默认的"32"改成"15"，并且把选区模式改成"添加到选区"。

（3）在天空部分用魔棒工具单击选区，若没有完全选中，则继续单击未选中的区域，直到选区添加天空部分全部选中为止，如图4-10所示。

图4-10　用魔棒工具建立的选区

（4）按Delete键删除选中的部分，执行"选择→取消选择"命令或按Ctrl+D组合键取消选区。

（5）执行"文件→打开"命令，打开素材中的"天空.jpg"，执行"编辑→复制"命令和"编辑→粘贴"命令，将天空图复制到原图文件中，执行"编辑→变换→缩放"命令对"天空"图层进行调整，直到满意为止。

（6）在图层面板中将"天空"图层移到底层，"换背景"最后效果如图4-11所示。

图 4-11 "换背景"最后效果

## 4.3 动物的语言

### 4.3.1 使用快速选择工具建立选区

（1）启动 Photoshop CC，执行"文件→打开"命令，打开素材中的"bird.jpg"。
（2）选择工具箱中的快速选择工具，单击鸟的形状区域，建立初步选区，如图 4-12 所示。

图 4-12 使用快速选择工具建立选区

### 4.3.2 使用快速蒙版模式编辑选区

（1）为了精确地选择爪子的区域，单击工具箱中的"以快速蒙版模式编辑"按钮进入快速蒙版模式对选区进行修改。在快速蒙版模式中，在默认方式下，非选择区域是用 50%的红色来显示的，选择区域是正常颜色，如图 4-13 所示。

图 4-13　利用快速蒙版模式编辑选区

（2）用画笔可以对选择区域进行修改，若前景色为黑色，则画笔经过的区域变成 50% 红色显示区域，即缩小了选区；若前景色改为白色，则画笔经过的区域为正常颜色，即放大了选区。若要选择小鸟的爪子部分，则在属性栏中修改画笔的笔触大小，为使选区的边界更加清晰，可以增大画笔的硬度，如图 4-14 所示。

（3）经过仔细修改，小鸟的外形已经全部显示出来，这时可以继续单击工具箱中的按钮退出快速蒙版模式，这时已经得到一个完整的小鸟选区，如图 4-15 所示。（若对选区还是不满意，则可以再一次进入快速蒙版模式，用黑色画笔和白色画笔对选区进行修改，直到满意为止。）

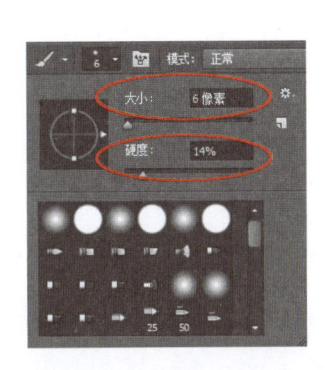

图 4-14　画笔笔触的修改　　图 4-15　使用快速蒙版模式建立的选区

（4）执行"选择→调整边缘"命令对选区进行平滑操作，设置平滑参数为"2"。

（5）执行"编辑→复制"和"编辑→粘贴"命令，在"bird"文件上复制出一个新的小鸟图层，并将图层命名为"bird1"。

（6）双击背景图层并在弹出的对话框中单击"确定"按钮，即可把背景图层转换为普通图层，并把该图层命名为"树枝"。

（7）使用快速选择工具和快速蒙版模式选择"树枝"，如图 4-16 所示。

（8）执行"选择→调整边缘"命令对选区进行平滑操作，设置平滑参数为"4"，单击"确定"按钮，确认选区调整边缘的修改。执行"选择→反向"命令，对选区进行反选操作，并按键盘上的 Delete 键清除树枝以外的内容。

(9)"树枝"图层上留下了小鸟的爪子部分,为了便于修复"树枝"图层,单击隐藏按钮,如图 4-17 所示,隐藏"bird1"图层。

图 4-16　建立"树枝"选区

图 4-17　隐藏图层

### 4.3.3　使用仿制图章工具修复树枝

(1)选择工具箱中的仿制图章工具，按住 Alt 键并单击树枝完好部分以确认复制源图像,接着单击有小鸟爪子的树枝,并应用刚才复制的源图像。经过不断重复,修复后的树枝如图 4-18 所示。

(2)在图层面板中单击"新建图层"按钮,新建一个图层并命名为"背景",用"#ffd92e"前景色执行"编辑→填充"命令,对新图层进行填充。

(3)拖动"bird1"图层到"新建图层"按钮后松开,复制出"bird1 拷贝"图层,将该图层重新命名为"bird2",并对该图层执行"编辑→变换→水平翻转"及"编辑→变换→旋转"命令。

(4)对"bird1"图层进行移动和缩小操作,如图 4-19 所示。

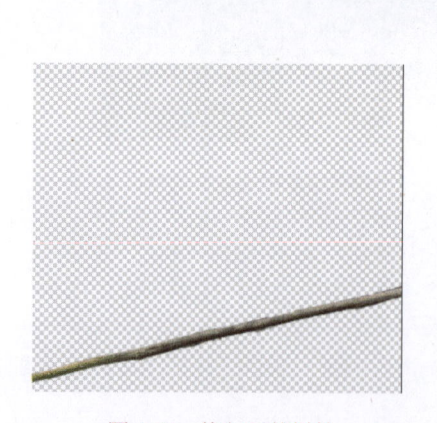

图 4-18　修复后的树枝

图 4-19　复制"bird1"图层后的效果

(5)执行"文件→打开"命令,打开素材中的"树.jpg"文件。利用魔棒工具，在属性栏中取消"连续"的勾选状态,如图 4-20 所示。单击白色的部分,整棵树都被选中。

图 4-20　魔棒工具属性栏

（6）执行"编辑→复制"和"编辑→粘贴"命令，将选择的树复制到"bird.psd"文件中，并将图层拖到背景图层的上面，设置该图层的模式为"叠加"，效果如图 4-21 所示。

图 4-21　图层模式修改及效果

（7）选择工具箱中的文字工具，在属性栏中设置字体和字号：。

输入文字后再在属性栏中单击"确认"按钮或按 Enter 键确认文字图层的建立。"动物的语言"最后效果如图 4-22 所示。

图 4-22　"动物的语言"最后效果

## 4.4　小径通幽

### 4.4.1　使用钢笔工具建立路径

（1）执行"文件→打开"命令，打开素材中的"门.jpg"文件，执行"文件→存储"命令保存文件，命名为"小径通幽.psd"。

（2）选择工具箱中的钢笔工具 或按 P 键（详见 4.5.2 节），在属性栏中确认钢笔工具建立的是路径，如图 4-23 所示。

图 4-23　钢笔工具属性栏

（3）在"门.jpg"文件中单击一个点确定路径的开始位置，并且按住鼠标拖出一条方向线确定曲线的弯曲方向，如图 4-24 所示。

（4）沿着门的轮廓线，确定路径的第二个锚点，确定后若发现路径没有和门的轮廓保持一致，则可以选择工具箱中的直接选择工具 对锚点进行修改，如可以拖动方向线的两头改变方向线的方向（若只想改变锚点一侧的方向线，则可以按住 Alt 键进行调整），也可以缩短方向线的长度，如图 4-25 所示。

图 4-24　使用钢笔工具建立锚点　　　　图 4-25　调整锚点的方向线

（5）若在建立路径的过程中无法调整它的弯曲度（如图 4-26 所示），则可以选择钢笔工具组下的添加锚点工具 （如图 4-27 所示），在不够弯曲的路径中间单击添加一个锚点，并用直接选择工具 拖动锚点到合适位置，如图 4-28 所示。

图 4-26　路径弯曲度与门框不符　　　　图 4-27　添加锚点工具

图 4-28　用直接选择工具拖动锚点

（6）沿着门的轮廓依次确定路径，并用直接选择工具 调整路径，等到最后一个锚点建立后再单击第一个锚点对路径进行封闭。建立的门框路径如图 4-29 所示。

图 4-29　建立的门框路径

（7）双击图层面板中的背景图层，在弹出的对话框中单击"确定"按钮，将背景图层转换为普通图层。

## 4.4.2　路径转换为选区

（1）在路径面板（若路径面板关闭，可执行"窗口→路径"命令打开路径面板）中，右击刚建立的路径，并选择"建立选区"命令，如图 4-30 所示，将路径转换成选区后，按 Delete 键删除选区中的内容。

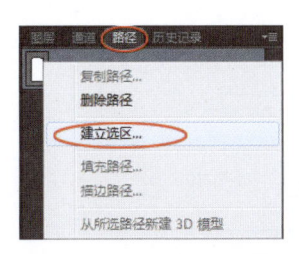

图 4-30　从路径建立选区

（2）执行"文件→打开"命令打开素材中的"小径.jpg"文件，用移动工具 将该图拖到"小径通幽.psd"文件中，并调整图层顺序，将"小径"图层置于底层，"小径通幽"的最后效果如图4-31所示。

图4-31 "小径通幽"的最后效果

## 4.5 Photoshop CC 相关知识

### 4.5.1 快速蒙版

"以快速蒙版模式编辑"工具 是用于创建和编辑选区的工具，其功能非常实用。在快速蒙版模式下，可以使用 Photoshop 中的工具或滤镜来修改蒙版以达到修改选区的目的。

在快速蒙版模式下，可使用的最基本工具是画笔工具 。

在工具箱中双击"以快速蒙版模式编辑"工具 ，打开"快速蒙版选项"对话框，如图4-32所示。

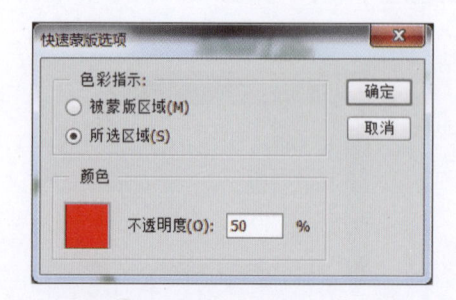

图4-32 "快速蒙版选项"对话框

（1）色彩指示：当选中"被蒙版区域"时，图像中选中的区域显示为原始图像效果，而未选中的区域会覆盖蒙版的颜色；当选中"所选区域"时，图像中选中的区域会被覆盖蒙版颜色。

（2）颜色/不透明度：单击颜色色块，可以在拾色器中修改蒙版的颜色。系统默认的蒙版颜色是50%的红色，如果图像的颜色与蒙版的颜色太接近，则可以通过这个选项来修改蒙版颜色加以区别；"不透明度"用来设置蒙版颜色的不透明度。

1）快速蒙版建立选区

打开素材中的"青春十二重奏.jpg"和"吉他少年.jpg"文件，并把"吉他少年.jpg"置于"青春十二重奏.jpg"文件上方，缩放到合适位置，如图4-33所示。

图4-33　两张图片的叠放

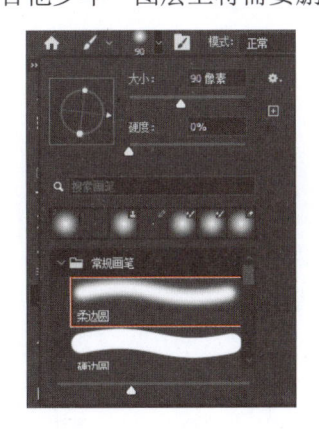

为了使两张图片更好地融合，需要把"吉他少年"图层的部分内容删除，因此需要建立选区。双击"以快速蒙版模式编辑"工具◨，在"快速蒙版选项"对话框选中"所选区域"，如图4-32所示，单击"确定"按钮进入快速蒙版模式。在工具箱中选择画笔工具✎，接着在属性栏中选择一种柔角画笔（如图4-34所示），并设置画笔大小为90像素，设置前景色为黑色，然后在"吉他少年"图层上将需要删除的部分涂抹掉，如图4-35所示。

图4-34　画笔选项　　　　　　　　图4-35　快速蒙版修改选区

涂抹过程中可以修改画笔的"大小"及"不透明度"和"流量"，如果涂抹的区域超过想要删除的部分，则修改前景色为白色，使用画笔涂抹即可恢复。涂抹完成后，单击"退出快速蒙版模式"按钮◨，就可以看到建立的选区（如图4-36所示），按Delete键删除选区内容，如图4-37所示。

图4-36 修改完的选区　　　　　　　　图4-37 删除选区后的效果

2）快速蒙版编辑选区

打开素材中的"日落.jpg"文件，用椭圆选区工具框选出一个选区，如图4-38所示。执行"选择→反选"命令，对选区进行反选操作，单击"以快速蒙版模式编辑"工具，进入快速蒙版模式，如图4-39所示。

图4-38 建立椭圆选区　　　　　　　　图4-39 进入快速蒙版模式

执行"滤镜→滤镜库"命令，打开"滤镜库"对话框，选择"画笔描边"中的喷色描边（也可以尝试使用其他滤镜达到意想不到的效果），并进行参数设置，如图4-40所示。

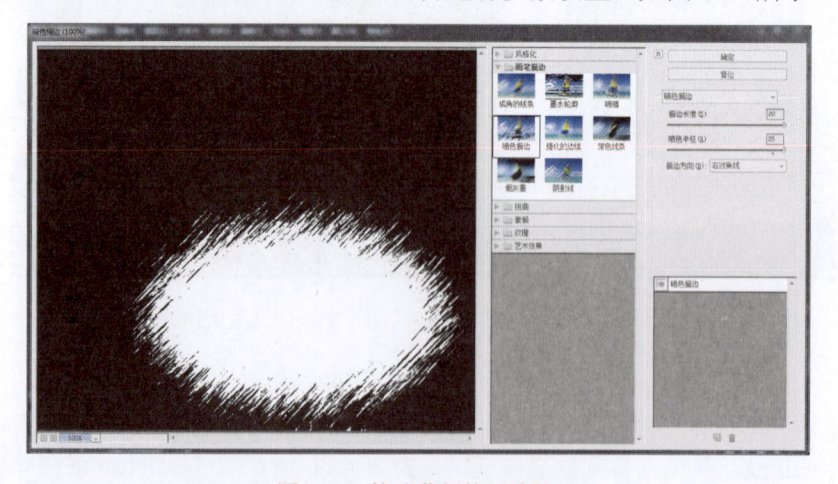

图4-40 快速蒙版使用滤镜

单击"退出快速蒙版模式"按钮，经过滤镜处理后，选区出现特殊效果，如图 4-41 所示。执行"编辑→填充"命令，在该选区范围内填充白色后执行"选择→取消选择"命令，效果如图 4-42 所示。

图 4-41　使用滤镜修改的选区

图 4-42　删除选区后的效果

### 4.5.2　认识路径

路径是一种轮廓，是由一个或多个直线段或曲线段组成的，锚点标记路径段的端点。如图 4-43 所示，$a$、$b$、$c$ 都是该曲线的锚点，其中，$b$ 是被选中的锚点，$a$、$c$ 是未被选中的锚点（选中整条曲线使用路径选择工具，选择单个锚点使用直接选择工具）；$L$ 是 $b$ 点的方向线，$D$ 是 $L$ 的方向点，方向线和方向点的位置共同决定曲线段的大小和形状。

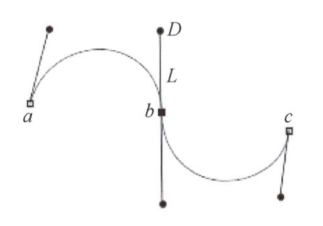

图 4-43　路径的锚点和方向线

锚点分为平滑锚点和角点锚点两种类型。如图 4-44 所示为平滑锚点，由平滑锚点连接的路径是平滑的曲线。如图 4-45 所示为角点锚点，由角点锚点连接起来的路径可以形成直线段或折线段。

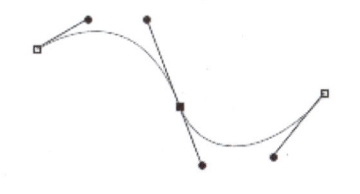

图 4-44　平滑锚点

图 4-45　角点锚点

### 4.5.3　钢笔工具

钢笔工具是最基本最常用的路径工具，使用钢笔工具可以绘制任意形状的直线或曲线路径，其属性栏如图 4-46 所示。第一个属性中有三个选项：形状、路径和像素，如图 4-47 所示。

图 4-46　钢笔工具的属性栏

1）使用钢笔工具绘制直线段或折线段路径

使用钢笔工具在画布上单击即可产生一个锚点，在下一个位置继续单击可以产生第二个锚点，两个锚点连接形成一条直线段，若要建立水平直线或垂线可在按住 Shift 键的同时用钢笔工具单击下一个锚点，如图 4-48 所示。当要结束一段路径时，可以单击一下工具箱中的钢笔工具 或按 Esc 键。

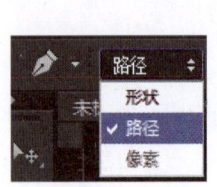

图 4-47　钢笔工具绘制选项　　　　图 4-48　折线路径的绘制

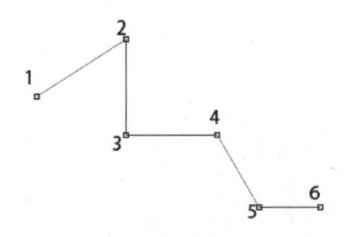

2）使用钢笔工具绘制曲线段路径

用钢笔工具在画布上点一个锚点，点的时候按住鼠标左键，即可产生该锚点的方向线和方向点，因为方向线和方向点共同决定了曲线段的大小和形状，所以在没有调整到合适位置时不要松开鼠标左键，如图 4-49 所示；调整到合适位置后，松开鼠标。用同样的方法在下一个位置单击产生第二个锚点，如图 4-50 所示。

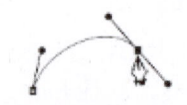

图 4-49　拖出方向线的锚点　　　　图 4-50　调整好方向线和方向点

钢笔工具 的属性栏有一个特殊的"橡皮带"选项，单击"橡皮带"按钮 ，在弹出的下拉选项中勾选该选项（如图 4-51 所示），即可在绘制路径时查看路径的走向，如图 4-52 所示。

图 4-51　钢笔工具的"橡皮带"

在创建曲线段路径的过程中，曲线往往不是一次性到位的，此时可以选择工具箱中的直接选择工具 ，选中特定锚点，并对该锚点的方向线和方向点进行调整。若只需要调整一侧的方向线，可先按住 Alt 键后再调整，如图 4-53 所示。

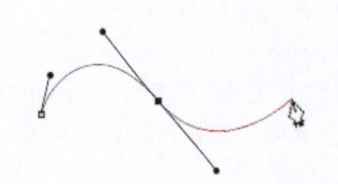

图 4-52　利用"橡皮带"绘制曲线路径　　　　图 4-53　调整一侧的方向线

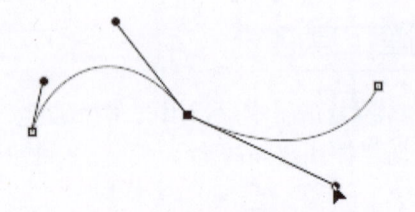

以建立如图 4-54 所示的图形路径为例，进一步说明钢笔工具创建曲线段路径的过程。

图 4-54　建立路径的图形

图 4-55 所示为建立该路径时创建锚点的顺序，锚点不可太多，多了曲线就不会光滑，锚点也不能太少，少了就很难控制路径的弯曲程度。在初步学习钢笔工具之后，可以针对不同的图像沿着它的轮廓绘制出该图像的路径，以达到熟练使用钢笔工具的目的。

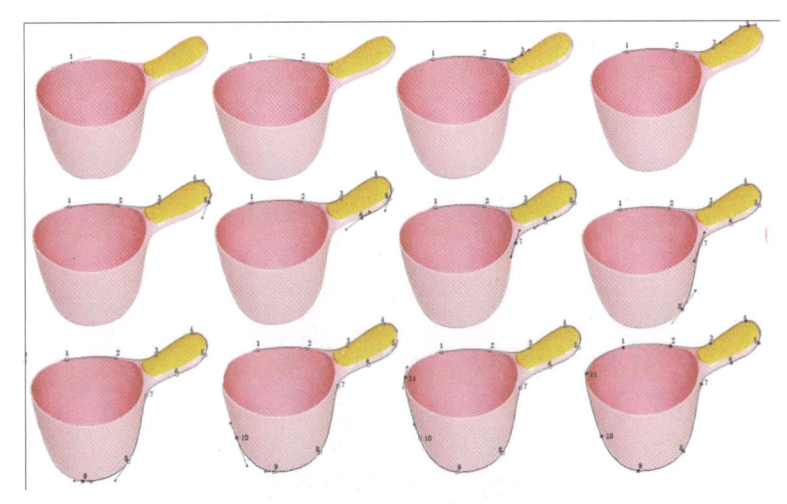

图 4-55　建立路径时创建锚点的顺序

**思考与练习 4**

使用合适的抠图方式，对素材进行抠图，效果如下图所示。

# 项目 5

## "啡"你莫属

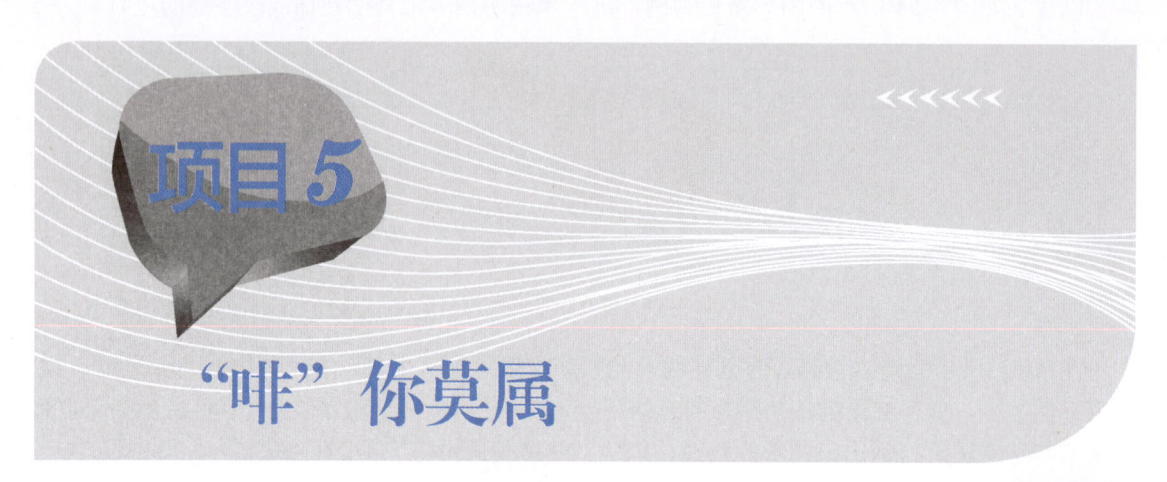

"啡"你莫属

掌握使用钢笔工具抠图、路径的运算,以及使用钢笔工具建立精细选区的方法;通过咖啡杯放入咖啡豆中的背景,使咖啡杯有陷在中间的视觉效果,掌握图层叠加的应用,感受图层顺序排放的魅力;利用画笔工具绘制咖啡的烟雾,掌握画笔工具的绘图功能。

本项目用到的工具有钢笔工具 、路径选择工具 、画笔工具 、魔棒工具 、文字工具 T 等。

### 能力目标

- 掌握路径的运算,如路径的合并形状、减去顶层形状等。
- 能使用渐变图层使两个图层过渡自然。
- 掌握使用画笔工具绘制烟雾的方法。
- 利用图像的变形对图像进行透视、扭曲等操作。
- 掌握文字工具的使用。

## 5.1 使用路径的运算建立咖啡杯路径

（1）执行"文件→打开"命令，打开素材中的"咖啡杯.jpg"，选择工具箱中的钢笔工具，在属性栏中确认建立的是路径，沿着杯子的轮廓建立路径，如图 5-1 所示。

（2）继续在杯子手柄的内侧创建路径并封闭，如图 5-2 所示。

图 5-1　建立外轮廓路径　　　　图 5-2　建立内轮廓路径

（3）在工具箱中选中路径选择工具，按住 Shift 键，将建立的两个路径都选中。在属性栏中设置路径操作为"排除重叠形状"，如图 5-3 所示，得到杯子的完整路径。

（4）在路径面板（若路径面板关闭，可执行"窗口→路径"命令打开路径面板），右击刚建立的路径，并选择"建立选区"命令，执行"文件→复制"命令。

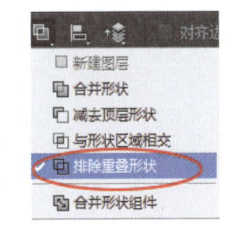

图 5-3　路径的运算

（5）执行"文件→新建"命令，新建文件，将名称命名为"咖啡"，画布大小为 A4，分辨率为 300 像素/英寸，如图 5-4 所示；执行"文件→存储"命令保存文件。

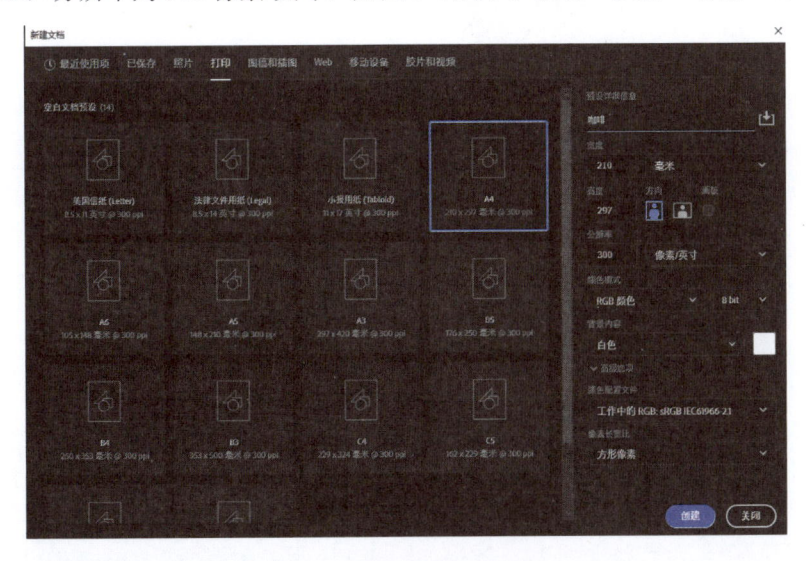

图 5-4　"新建文档"对话框

（6）执行"文件→粘贴"命令，把刚才选择的咖啡杯粘贴到新文件中。

（7）设置前景色为"#e3000e"，执行"编辑→填充"命令，用前景色填充背景图层。

（8）执行"文件→打开"命令，打开素材中的"咖啡豆1.jpg"，利用移动工具将该图拖到新建的"咖啡.psd"文件中，此时的图层面板如图5-5所示。

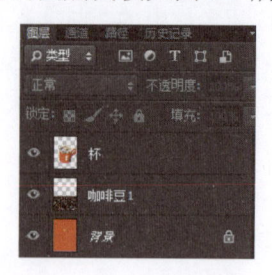

图5-5 咖啡豆与杯子的图层顺序

## 5.2 用渐变工具融合图层

（1）为了使背景图层和"咖啡豆1"图层更加融合，可以新建一个图层，并命名为"过渡层"，将该图层置于"咖啡豆1"图层的上方。

（2）选择工具箱中的矩形选框工具，如图5-6所示。在咖啡豆与背景层交界处绘制一个较大的矩形选区。

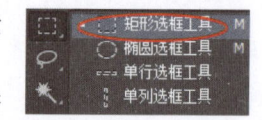

（3）选择工具箱中的渐变工具，在属性栏的渐变编辑器中修改渐变为前景色到透明，渐变方式为"线性渐变"。

图5-6 矩形选框工具

（4）在建立的矩形选区内从中间向下拉出线性渐变，效果如图5-7所示，图层面板如图5-8所示。

图5-7 建立的矩形选区　　图5-8 图层面板1

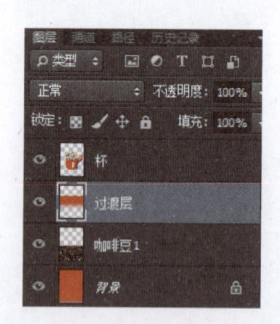

（5）为了使咖啡杯在咖啡豆中的效果更好，可以执行"文件→打开"命令，打开素材中的"咖啡豆2.psd"文件，利用移动工具将咖啡豆移动到"咖啡.psd"文件中，并把图层置于咖啡杯的上方，将图层命名为"咖啡豆2"，效果如图5-9所示，图层面板如图5-10所示。

图 5-9 增加"过渡层"后的效果　　　　图 5-10 图层面板 2

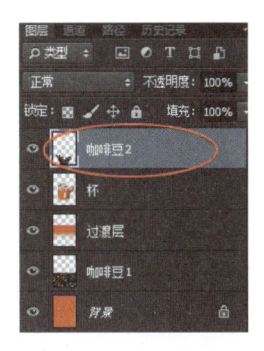

## 5.3 用画笔工具绘制烟雾

（1）设置前景色为"#f77508"，选择工具箱中的画笔工具，在属性栏中降低画笔的不透明度和流量值。在图层"杯"的下方建立一个新的图层，并将其命名为"第一层烟雾"，在咖啡杯的边缘及上方画出第一层烟雾，如图 5-11 所示。

（2）在"第一层烟雾"上方新建"第二层烟雾"图层，设置前景色为"# f4c17a"，此时可适当调整画笔的大小，提高画笔的流量及不透明度，在杯子的周围画出更亮的光线，如图 5-12 所示。

图 5-11 绘制第一层烟雾　　　　图 5-12 绘制第二层烟雾

## 5.4 运动剪影扭曲与变形

（1）执行"文件→打开"命令，打开素材中的"运动剪影.jpg"文件，利用魔棒工具选择其中的一个运动图形,执行"编辑→复制"命令,回到"咖啡.psd"文件执行"编辑→粘贴"命令,完成运动剪影复制(此处也可以使用移动工具直接将其移动到所需要的文件)。

(2)执行"编辑→变换→缩放"命令或按 Ctrl+T 组合键对图像进行放大;再次执行"编辑→变换→扭曲""编辑→变换→透视"命令,使剪影贴于咖啡的表面,如图 5-13 所示。

(3)利用画笔工具,在新建图层上为运动的人体加入一些投影,使其更加真实。最后将运动人体部分的图层全部选中并执行"图层→图层编组"命令。

(4)选择工具箱中的文字工具,在画面的左上角单击鼠标确认文字的输入位置,输入"有能量的咖啡",按 Enter 键确认。图层顺序如图 5-14 所示,最后效果如图 5-15 所示。

图 5-13　人体剪影变形后的效果 　　图 5-14　最后图层顺序 　　图 5-15　最后效果图

## 5.5　Photoshop CC 相关知识——图像的变换与变形

移动、缩放、旋转、扭曲、斜切等是图像处理的基本方法,其中移动、缩放和旋转称为图像的变换,扭曲和斜切称为图像的变形。执行"编辑→变换"命令或按 Ctrl+T 组合键可以改变图像的形状特征。

### 1)定界框、中心点及控制点

当执行"编辑→自由变换"命令时,当前对象周围会出现一个用于变换的定界框,定界框中间有一个中心点,周围有 8 个控制点,如图 5-16 所示。

在默认方式下,中心点位于对象的中心,拖曳中心点可以移动它的位置,中心点位置对于变换是有影响的。如图 5-17 所示为中心点在对象的中间和对象的左边进行的旋转操作。

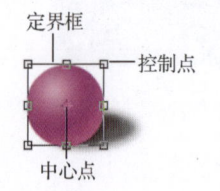

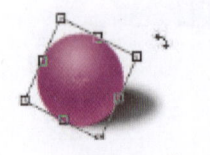

图 5-16　图像变形的定界框　　图 5-17　中心点位置对变换的影响

### 2)变换

在"编辑→变换"菜单中提供了各种变换命令,如图 5-18 所示。这些命令除了可以对图

层、路径、矢量图形及选区内的图像进行变换操作，还可以对矢量蒙版和 Alpha 通道进行变换操作。

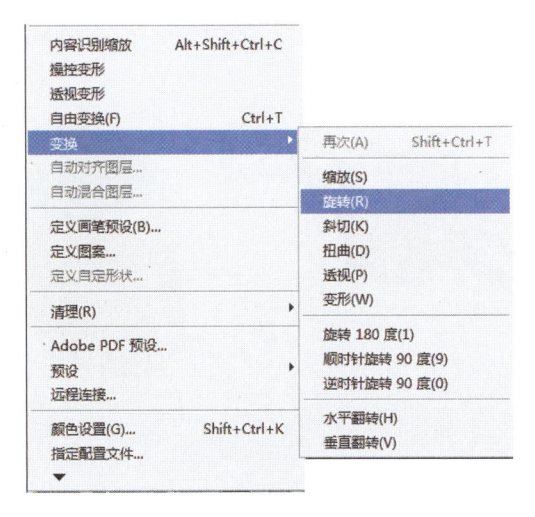

图 5-18 变换菜单

当对对象执行"编辑→变换"命令后，属性栏会出现如图 5-19 所示的显示框，每次操作结束，如果确定本次操作则单击属性栏中的"确定"按钮✓，如果放弃本次操作，则单击"放弃"按钮⊘。

图 5-19 变换的属性栏

（1）缩放。"缩放"命令可以相对于变换对象的中心点对图像进行缩放。在定界框的所有控点上拖动都是等比例缩放图像，如果要在水平方向改变图像大小，可以按住 Shift 键后拖动水平位置的控制点；如果要以中心点为基准线等比例缩放图像，则按住 Alt 键后在任意控制点上进行调整，如图 5-20 所示。

图 5-20 图像缩放

（2）旋转。使用"旋转"命令可以围绕中心点转动变换对象。当鼠标靠近定界框的 4 个角点时，即变成弧形↻，此时拖曳鼠标即可旋转对象。按住 Shift 键，可以 15°为单位旋转图像，如图 5-21 所示。

（3）斜切。使用"斜切"命令可以在任意方向上倾斜图像。如要在水平方向倾斜图像，则鼠标在上、下边定界框的控制点进行拖曳，如图 5-22 所示；若要在垂直方向倾斜图像，则鼠标在左、右边定界框的控制点进行拖曳，如图 5-23 所示；在定界框的 4 个角点上拖曳鼠标，如图 5-24 所示。

图 5-21　图像旋转　　　　　图 5-22　水平方向倾斜图像

图 5-23　垂直方向倾斜图像　　　图 5-24　角点上拖曳鼠标

以上三种情况下，若同时按住 Alt 键，则可以同时改变对边或对角。

（4）扭曲。"扭曲"命令是更自由的"斜切"命令。使用"斜切"命令时，每次拖曳边或角都有方向限制，而使用"扭曲"命令时没有方向限制，可以任意移动边或角上的控制点，如图 5-25 所示。

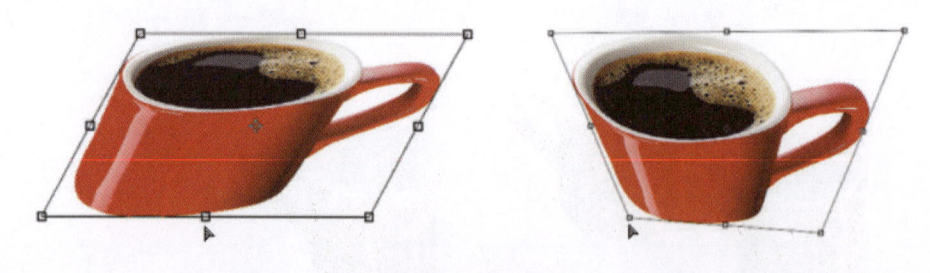

图 5-25　图像扭曲

（5）透视。"透视"命令简单地说就是近大远小，在如图 5-26 所示的定界框控制点中，拖曳控制点 2、4、6、8 的效果相当于斜切。拖曳控制点 1 往中心移动，控制点 3 也会跟着向中心移动，如图 5-27 所示；拖曳控制点 1 往控制点 8 的方向移动，控制点 7 也会跟着向控制点 8 的方向移动，如图 5-28 所示。

图 5-26　透视定界框　　　图 5-27　拖曳控点 1 往中心移动　　图 5-28　拖曳控点 1 往控点 8 方向移动

（6）变形。使用"变形"命令后，图像即会产生一个弯曲网格，网格将图像分为 9 个部分，如图 5-29 所示，此时拖动图像的任意部分即可产生弯曲效果。拖动 1、2、3、4 对角上的 4 个角点可以移动角点位置，拖动方向线还可以更改角点的方向弯曲度，令角点处呈现锐角或钝角（这里的方向线含义和控制方法与控制路径的锚点方向相近），拖动角点后的效果如图 5-30 所示。

图 5-29　变形的网格 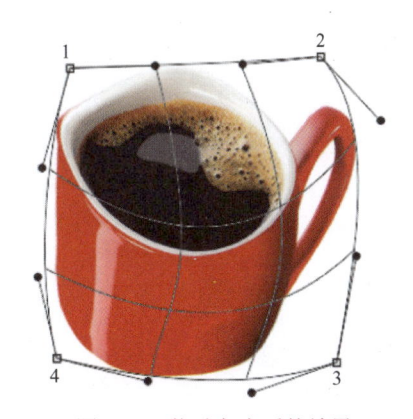　　　　　　　　　图 5-30　拖动角点后的效果

（7）旋转 180 度/顺时针旋转 90 度/逆时针旋转 90 度。这三个命令比较简单，执行"旋转 180 度"命令，可以将图像旋转 180 度，如图 5-31 所示；执行"旋转 90 度（顺时针）"命令，可以将图像顺时针旋转 90 度，如图 5-32 所示；执行"旋转 90 度（逆时针）"命令，可以将图像逆时针旋转 90 度，如图 5-33 所示。

图 5-31　执行"旋转 180 度"命令 　　图 5-32　执行"顺时针旋转 90 度"命令 　　图 5-33　执行"逆时针旋转 90 度"命令

（8）水平翻转/垂直翻转。这两个命令也比较简单，执行"水平翻转"命令，将图像水平翻转，如图 5-34 所示；执行"垂直翻转"命令，将图像垂直翻转，如图 5-35 所示。

图 5-34　执行"水平翻转"命令　　　　　图 5-35　执行"垂直翻转"命令

## 思考与练习 5

用"透视"命令为效果图添加室外环境，室内图和室外环境图如下图所示。

# 项目 6

## 永恒的瞬间

永恒的瞬间

数码照片经过后期处理后与绘制的图像相结合构成一幅介于现实与幻想之间的画面，并把这一幅画面用盖印的方式复制到手机屏幕中（掌握图层盖印的方法）；使用矩形工具绘制建筑远景（掌握形状图层的运算）。

本项目用到的工具有矩形选框工具 ▭、渐变工具 ▭、橡皮擦工具 ◢、矩形工具 ▭、椭圆工具 ⬤ 和文字工具 T 等。

### ➜ 能力目标

- 掌握修改画布大小的方法，改变当前文档的画布。
- 能根据需要对数码照片进行选取。
- 能使用路径工具绘制形状图层及对形状图层进行合并。
- 修改图层的不透明度，改变图像的远近感。
- 能使用合适的图层样式为图层添加各种效果。
- 掌握图层盖印的方法和作用。

## 6.1　改变图像画布大小

（1）执行"文件→打开"命令，打开素材中的"沙滩.jpg"素材，执行"图像→画布大小"命令，将画布宽度改为 29.7 厘米，高度改为 21 厘米，如图 6-1 所示。单击"确定"按钮，执行"文件→存储为"命令，将文件命名为"永恒的瞬间.psd"。

（2）选择工具箱中的矩形选框工具，选择天空部分后按 Delete 键清除天空部分的图像；执行"编辑→变换→缩放"命令（快捷键为 Ctrl+T），将海滩部分的图像放大，使用移动工具调整位置，如图 6-2 所示。

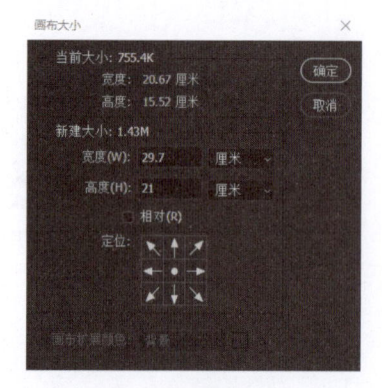

图 6-1　改变画布大小　　　　　图 6-2　变换海滩图像

## 6.2　使用渐变图层修改天空和沙滩

（1）设置前景色为"#c3c0b7"，背景色为"#c1b098"，使用矩形选框工具，在沙滩的下方绘制一个矩形选区；新建图层并命名为"沙滩渐变"。

（2）选择渐变工具，在属性栏中设置渐变编辑器为"前景色到背景色"的渐变；渐变方式为"线性渐变"，按住 Shift 键在"沙滩渐变"图层从上往下在选区中拉出渐变；执行"选择→取消选择"命令或按 Ctrl+D 组合键取消选择。

（3）使用橡皮擦工具，降低属性栏中的"不透明度"（40%）及"流量"（40%）值，擦除"沙滩渐变"图层的上边缘部分，使其与原来的沙滩更加融合。

（4）将新建图层命名为"天空"，并把该图层置于底层；用矩形选框工具绘制天空部分的选区。

（5）使用渐变工具，在属性栏中设置渐变编辑器 4 个色标颜色从左往右分别为"#88a4bc""#d1d9d6""#d9ba81""#d4b4ac"，如图 6-3 所示；渐变方式为"线性渐变"，在"天空"图层从上往下在选区中拉出渐变；执行"选择→取消选择"命令或按 Ctrl+D 组合键取消选择，如图 6-4 所示。

（6）使用钢笔工具，在属性栏中设置为"形状"，填充色为黑色。在画布上勾勒出远处海岛的形状，这时会在图层面板生成一个名为"形状 1"的图层，将该图层重命名为"海岛"，图层面板如图 6-5 所示，加入海岛后的效果如图 6-6 所示。

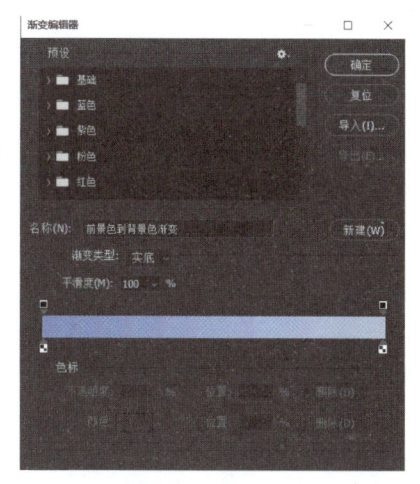

图 6-3　渐变编辑器

图 6-4　填充天空后的效果

图 6-5　图层顺序

图 6-6　加入海岛后的效果

## 6.3　使用矩形工具绘制建筑物远景

（1）选择工具箱中的矩形工具，在属性栏中设置为"形状"，填充色为黑色，路径操作为"合并形状"，在"海岛"图层的下方勾勒出一些建筑物的外形，并降低该图层的透明度，使其有在远处的效果，如图 6-7 所示。

图 6-7　加入远处建筑物的效果

（2）选择椭圆工具，设置前景色为"#f6fbd9"，在"建筑"图层下方绘制一个圆，并执行"图层→图层样式→外发光"命令添加图层样式参数，如图6-8所示；此时的图层面板如图6-9所示，画面效果如图6-10所示。

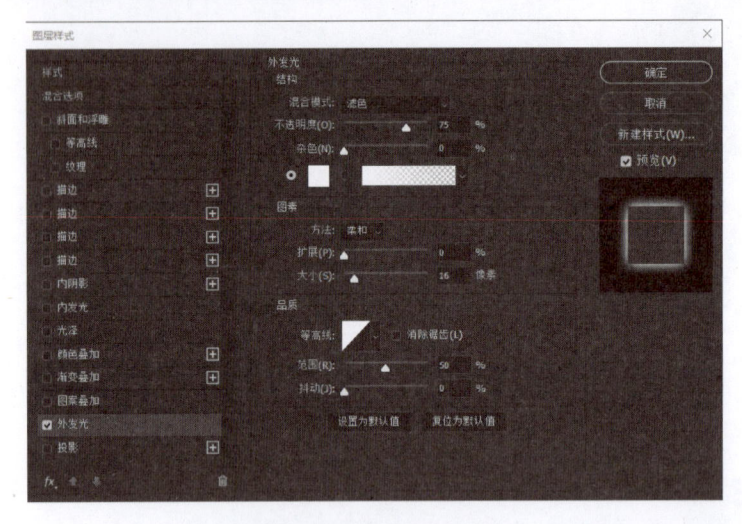

图6-8　外发光图层样式　　　　图6-9　加入太阳后的图层面板

图6-10　加入太阳后的画面效果

（3）执行"文件→打开"命令，打开素材中的"人物.psd"文件，并把人物拖曳到"永恒的瞬间.psd"文件中置于顶层，执行"编辑→变换→缩放"命令，对人物进行缩小处理。

## 6.4　使用魔术橡皮擦抠取海鸥

（1）执行"文件→打开"命令，打开素材中的"海鸥.jpg"文件，选择工具箱中的魔术橡皮擦，单击天空部分，直到蓝色区域全部擦除，如图6-11所示。

图 6-11　海鸥的抠图效果

（2）把抠取出的海鸥拖曳到"永恒的瞬间.psd"文件中，执行"编辑→变换→缩放"命令，对海鸥进行缩小处理。

## 6.5　将盖印图层复制到手机屏幕

（1）按 Ctrl+Shift+Alt+E 组合键，对所有图层进行盖印，将得到的图层命名为"盖印"。

（2）执行"文件→打开"命令，打开素材中的"手机.psd"文件，把手机图像拖到"永恒的瞬间.psd"文件中置于"盖印"下方。

（3）对盖印图层执行"编辑→变换→缩放"命令，对盖印图层进行缩小处理，并将其移动到手机屏幕上，如图 6-12 所示。

图 6-12　盖印后的效果

（4）在手机图层下方新建一个图层，并命名为"条形渐变"，使用矩形选框工具在画面的右下角绘制一个长条选区。

（5）修改前景色为"#b79e7b"，使用渐变工具，在属性栏设置"前景色到透明色"的渐变；渐变方式为"对称渐变"；从选区的中心往右拉出一个对称渐变（用相同方式修改前景色，可以多做几条渐变)。

（6）使用文字工具，在属性栏中设置文字的字体为宋体，大小为 55，设置"永恒"二字的颜色为"#412f0f"，设置"的瞬间"的颜色为"#8c703d"。

（7）利用直线工具，设置粗细为2，修改填充颜色为"#8c703d"，拉出一条斜线，调整斜线位置，并进行复制，直至满意为止。执行"文件→存储为"命令，保存文件并命名为"永恒的瞬间"。最终效果如图 6-13 所示。

图 6-13　最终效果

## 6.6　Photoshop CC 相关知识

### 6.6.1　路径的基本操作

使用钢笔等工具绘制出路径后，可以在原有路径的基础上继续绘制，也可以对路径进行变换、描边、建立选区、定义为形状等操作。

1）路径的运算

使用钢笔工具或形状工具创建多条路径时，可以在工具的属性栏中单击"路径操作"按钮，在弹出的下拉菜单中选择一种运算方式，以确定路径的重叠区域会产生什么样的交叉结果，如图 6-14 所示。

（1）新建图层。该选项只有在钢笔工具或形状工具的选项为建立"形状"时可用。选择该选项可以新建形状图层，如图 6-15 所示，图层面板有两个形状图层。

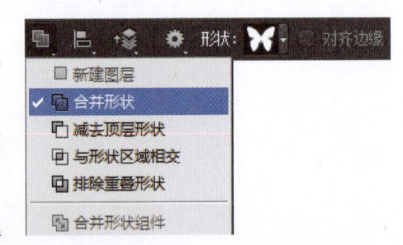

图 6-14　路径的运算

（2）合并形状。使用该选项，即可将新绘制的路径或形状图形添加到原来的路径或形状图形中，使其合并为一个路径或图形，如图 6-16 所示，图层面板上只有一个形状图层。

（3）减去顶层形状。使用该选项，即可从原来的路径或形状中减去新绘制的路径或形状，如图 6-17 所示。

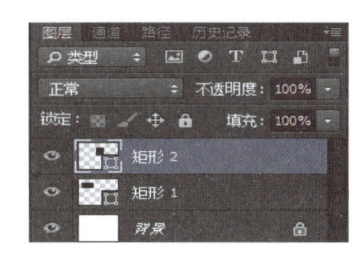

图 6-15　新建图层运算效果及图层面板

图 6-16　合并形状运算效果及图层面板

图 6-17　减去顶层形状运算效果及图层面板

（4）与形状区域相交。使用该选项，可以得到新绘制的路径或形状与原来的路径或形状交叉的区域，如图 6-18 所示。

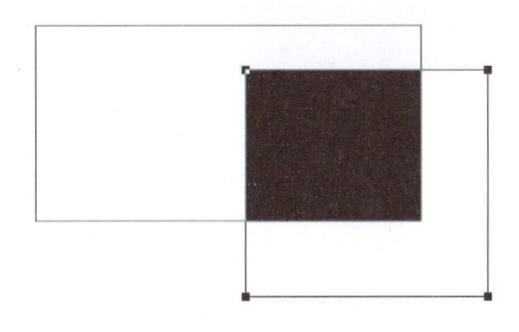

图 6-18　与形状区域相交运算及图层面板

（5）排除重叠形状。使用该选项，可以得到除新绘制的路径或形状与原来的路径或形状重叠部分外的路径或形状，如图 6-19 所示。

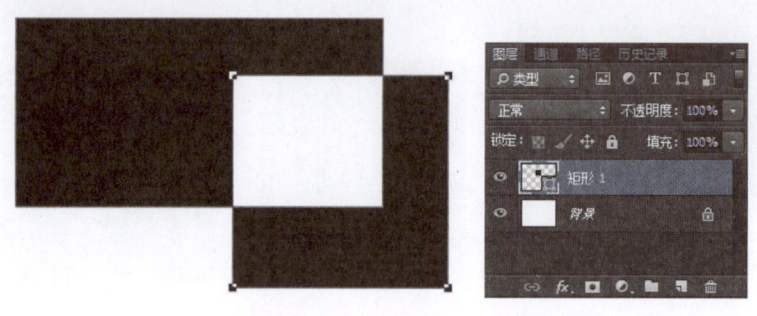

图 6-19  排除重叠形状运算及图层面板

（6）合并形状组件。使用该选项，可以合并重叠的形状组件。在未执行该操作前，路径或形状可以使用路径选择工具单独选择其中的一个形状，如图 6-20 所示。同时选中两个形状执行"合并形状组件"命令，弹出如图 6-21 所示的对话框，单击"是"按钮后，只能同时选中两个形状，如图 6-22 所示。

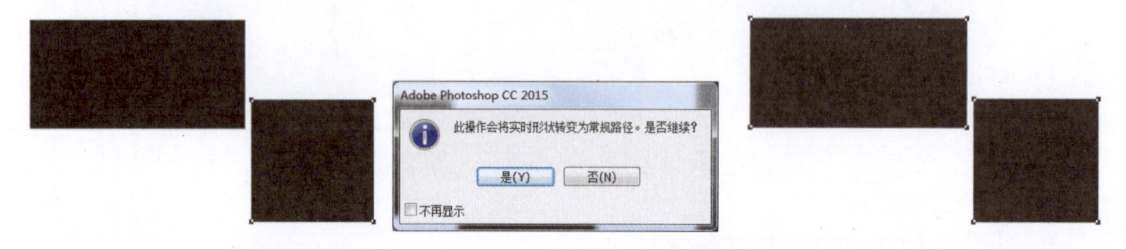

图 6-20  合并形状组件　　图 6-21  合并形状组件命令对话框　图 6-22  合并后只能同时选中两个形状

在 6.3 节使用矩形工具绘制建筑物远景中，为了使绘制的各种形状在同一个形状图层，所以在这里使用合并形状运算，经过多个矩形的叠加形成远景中的建筑物轮廓效果，如图 6-23 所示。

图 6-23  使用合并形状运算绘制的建筑物远景

### 2）定义为自定义形状

若觉得以上建筑物轮廓实用，以后还可能用到，就可以执行"编辑→定义为自定义形状"命令，将其定义为形状，如图 6-24 所示，并将其命名为"建筑物"。

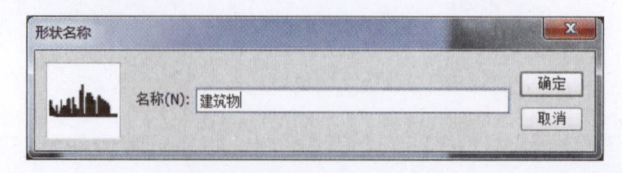

图 6-24  "形状名称"对话框

接着可以在自定义形状工具 的属性栏中找到刚才定义的形状，如图 6-25 所示。

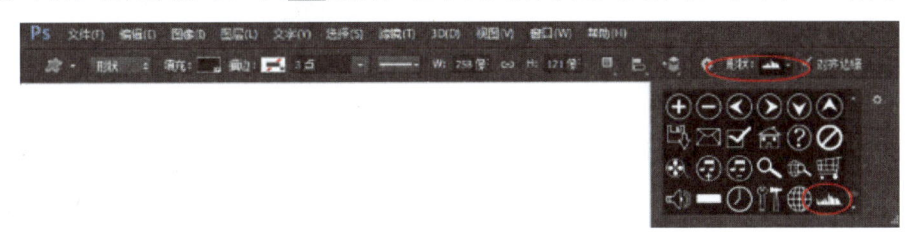

图 6-25　自定义形状工具属性栏

3）将路径转换为选区

使用钢笔工具或形状工具绘制出路径以后，可以通过以下 3 种方法将路径转换为选区。

（1）直接按 Ctrl+Enter 组合键将路径转换为选区。

（2）在路径上单击右键，在弹出的菜单中选择"建立选区"命令，如图 6-26 所示。

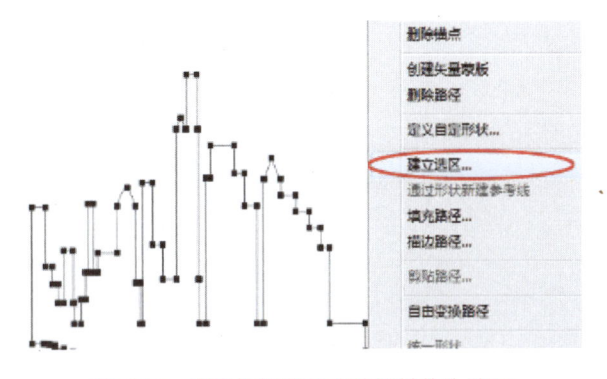

图 6-26　利用快捷菜单将路径转换为选区

（3）在路径面板中单击"将路径转换为选区"按钮 ，如图 6-27 所示。

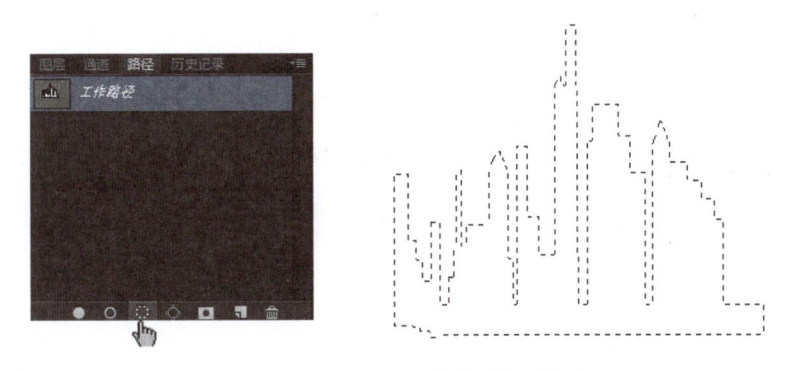

图 6-27　利用路径面板将路径转换为选区

4）填充路径

使用钢笔工具或形状工具绘制出路径以后，在路径上单击右键，在弹出的菜单中选择"填充路径"命令（如图 6-28 所示），打开"填充路径"对话框，如图 6-29 所示，在该对话框中设置需要填充的内容。

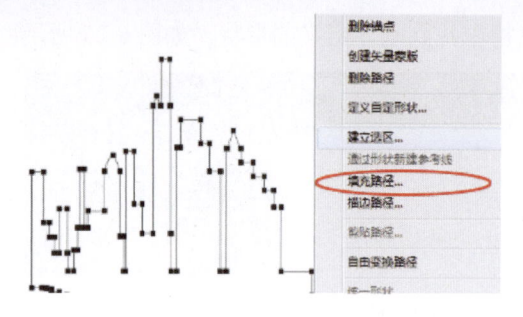

图 6-28　执行"填充路径"命令　　　　　图 6-29　"填充路径"对话框

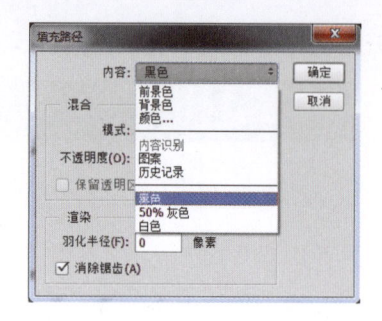

5）描边路径

描边路径是一个重要的功能，在描边路径前要先设置好描边的工具参数，如画笔、铅笔、橡皮擦等，然后在绘制好的路径上单击右键，在弹出的菜单中选择"描边路径"命令，如图 6-30 所示。打开"描边路径"对话框，在该对话框中选择可以描边的工具，如图 6-31 所示。

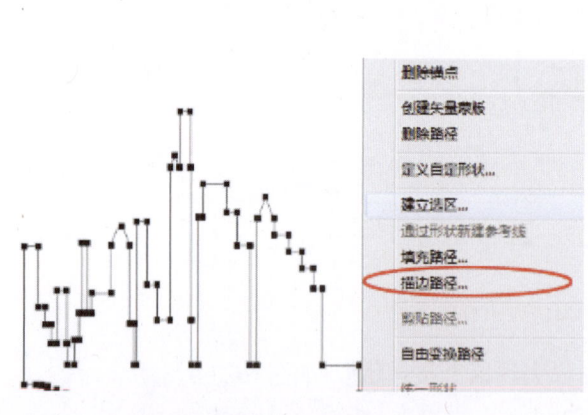

图 6-30　执行"描边路径"命令　　　　　图 6-31　选择描边工具

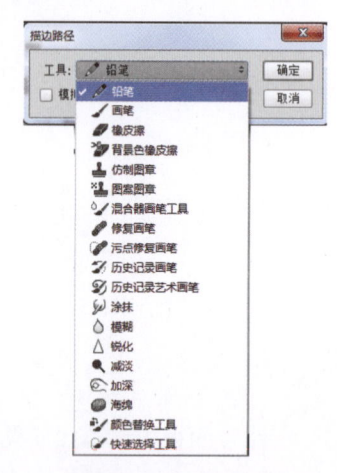

如要将以上建筑物路径描边，则先设置描边工具为画笔工具，然后执行"窗口→画笔"命令，对画笔的大小和间距进行调整，如图 6-32 所示，使画笔的笔触不再连续。用画笔工具描边后的效果如图 6-33 所示。

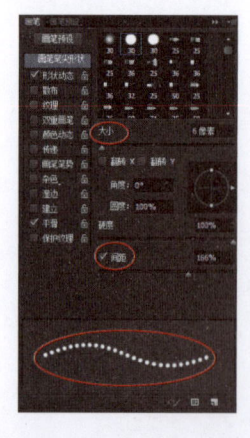

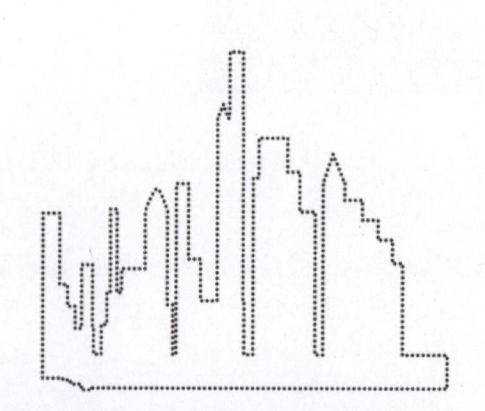

图 6-32　设置描边工具　　　　　图 6-33　用画笔工具描边后的效果

## 6.6.2 创建文字的工具

### 1）文字工具

文字工具属性栏如图 6-34 所示。

图 6-34 文字工具属性栏

### 2）文字蒙版工具

文字蒙版工具包括"横排文字蒙版工具"和"竖排文字蒙版工具"。使用该工具输入文字后，文字以选区的形式出现，如图 6-35 所示。在文字的选区中，可以填充单色也可以使用渐变工具填充渐变色，如图 6-36 所示。

图 6-35 使用文字蒙版工具创建的选区

图 6-36 填充文字选区后的效果

### 3）创建点文字

选择"竖排文字蒙版工具"，在其属性栏中设置字体为"微软雅黑"、字号为 100 点、消除锯齿方式为"锐利"、字体颜色为棕色，如图 6-37 所示。

图 6-37 文字属性设置

首先在画布中单击左键设置文字的插入点，如图 6-38 所示，然后输入"图形语言"四个字，接着在属性栏中单击"确认"按钮或按 Enter 键确认操作，如图 6-39 所示。

图 6-38 设置文字的插入点

图 6-39 输入文字后的效果

4）创建段落文字

选择"横排文字工具" T，在其属性栏中设置字体为"宋体"、字号为 30 点、消除锯齿方式为"锐利"、字体颜色为黑色，如图 6-40 所示。

图 6-40　段落文字属性设置

按住左键在图像的左上角拖曳出一个文本框，如图 6-41 所示。在光标插入点输入文字，当一行文字超出文本框的宽度时，会自动换行，输入完成后在属性栏中单击"确认"按钮✓或按 Enter 键确认操作，如图 6-42 所示。

图 6-41　创建的文本框　　　　　　　　图 6-42　输入段落文字效果

当输入的文字过多时，文本框右下角的控制点会变成田形状，这时可以通过调整文本框的大小让所有文字在文本框中显示出来。

5）路径文字

路径文字是指在路径上创建的文字，文字会沿着路径自动排列。当使用路径选择工具修改路径形状时，文字的排列方式也会随着发生改变。

使用钢笔工具在图像上绘制一条路径（此路径可以是闭合的，也可以是开放的），如图 6-43 所示。

选择"横排文字蒙版工具"，在其属性栏中设置一种英文字体，字号大小为 60 点，消除锯齿方式为"锐利"，字体颜色为橙色，将光标放在路径的起始位置，当光标变成形式时，单击设置文字的插入点，输入文字，此时可以发现文字会沿着路径的形状进行排列，如图 6-44 所示。

项目6　永恒的瞬间

图 6-43　创建弧形路径　　　　　　　图 6-44　文字沿路径排列效果

## 思考与练习 6

按提供的素材，将标志加入咖啡杯，如下图所示。

# 项目 7

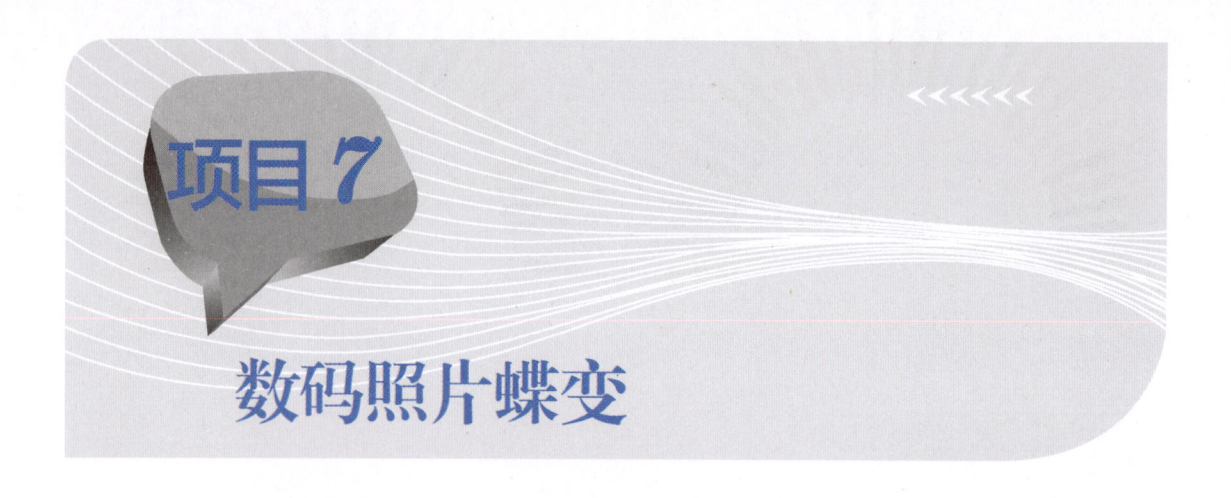

## 数码照片蝶变

本项目由多个任务组成，包括对数码照片的色阶、曲线、色相饱和度调整等色彩处理及数码照片的修复，人像美肤处理及证件照片处理，以及将普通数码照片变成杂志封面的设计。

### 能力目标

- 能熟练使用色阶、曲线等命令对数码照片进行色彩处理。
- 能使用新调整图层对图像进行色彩处理。
- 掌握证件照片的处理方法。
- 能熟练对人像进行美肤处理。
- 掌握人像抠图的方法，特别是头发的抠取。
- 掌握杂志封面文字的编排及处理。

## 7.1 风景照片色彩处理

### 7.1.1 色阶命令初步调整

(1) 执行"文件→打开"命令,打开素材中的"湖面.jpg"文件。

(2) 执行"图像→调整→色阶"命令或按 Ctrl+L 组合键,打开"色阶"对话框,如图 7-1 所示,将白色滑块和黑色滑块往中间移动,此时画面的高光增亮、阴影变暗。

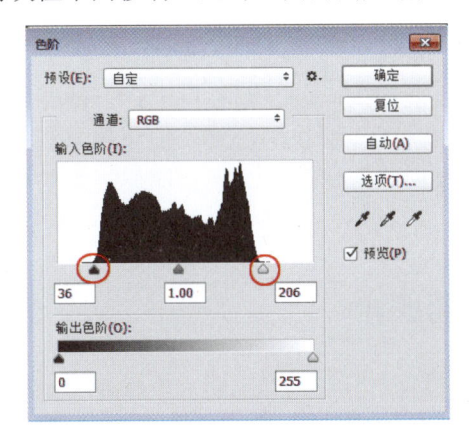

图 7-1 "色阶"对话框

### 7.1.2 曲线命令深度调整

(1) 执行"图像→调整→曲线"命令或按 Ctrl+N 组合键,打开"曲线"对话框,按住 Ctrl 键单击画面的白云处,即可在"曲线"对话框中生成一个黑色的点,如图 7-2 所示。

(2) 继续按住 Ctrl 键,单击画面中暗部(树林部分),在"曲线"对话框的下方生成第二个点,如图 7-3 所示。先把第一个点往上提,直到画面的高光部分效果合适为止;再把第二个点往下拉,使画面的阴影部分变暗到合适的效果。曲线调整图如图 7-4 所示,湖面最后调整效果如图 7-5 所示。

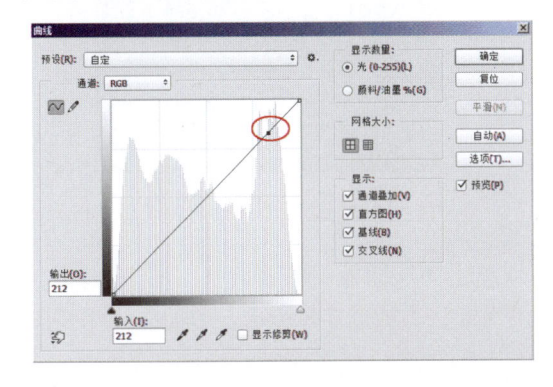

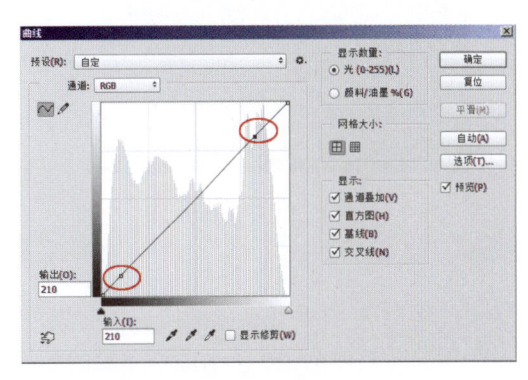

图 7-2 "曲线"对话框　　　　　　图 7-3 "曲线"对话框中生成的点

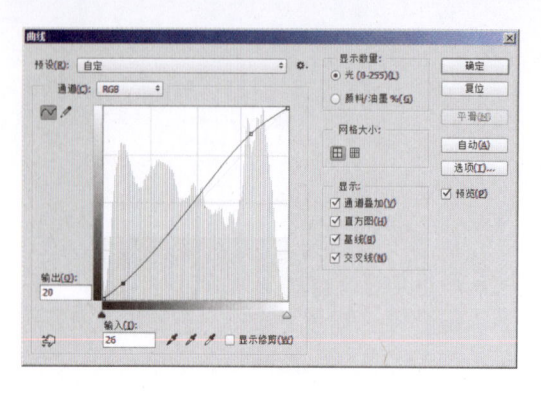

图 7-4　曲线调整图 　　　　　　　　　图 7-5　湖面最后调整效果

以上操作在图像的图层上直接执行，过程不可逆，只能通过历史记录面板上的返回撤销操作，如果历史记录面板没有记录，那么图像就不能再恢复到前一步操作，所以 Photoshop 也提供了调整图层用于对图像进行色彩调整。调整图层更大的优点是可以对图像进行局部调整。

### 7.1.3　利用调整图层调整图像

（1）执行"文件→打开"命令，打开素材中的"椰树.jpg"文件。

（2）执行"图层→新调整图层→色阶"命令，或单击图层面板中的新调整图层按钮，选择"色阶"，打开色阶调整图层属性面板，如图 7-6 所示，将高光的白色滑块往中间移动，将阴影的黑色滑块也往中间移动。增加色阶调整图层后的图层面板如图 7-7 所示。

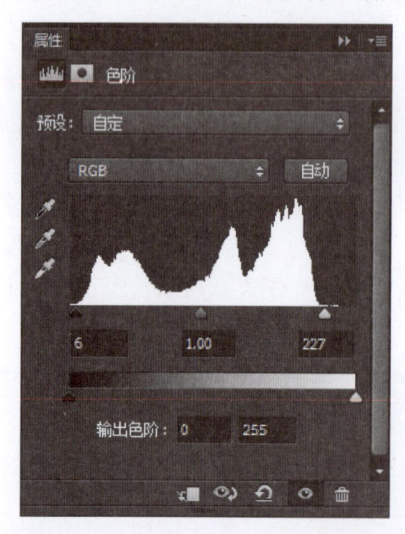

图 7-6　色阶调整图层属性面板 　　　　　　图 7-7　增加色阶调整图层后的图层面板

（3）执行"图层→新调整图层→曲线"命令，或单击图层面板中的新调整图层按钮，选择"曲线"，打开曲线调整图层属性面板，调出"S"形状，如图 7-8 所示。增加曲线调整图层后的图层面板如图 7-9 所示，调整后的效果如图 7-10 所示。

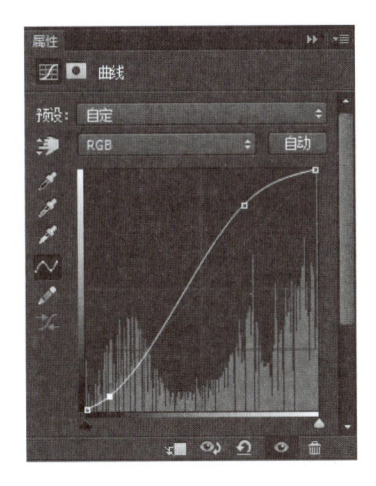

图 7-8　曲线调整图层属性面板

图 7-9　增加曲线调整图层后的图层面板

图 7-10　调整后的效果

（4）继续执行"图层→新调整图层→可选颜色"命令，打开可选颜色调整图层属性面板，在"颜色"选项选择"白色"，如图 7-11 所示，在该选项中增加青色和洋红值，减少黄色值，经这一步处理后天空和湖面出现蓝色；继续在"颜色"选项选择"黄色"，如图 7-12 所示，在该选项中增加青色值，减少洋红和黄色值，经过这一处理后草坪由黄色变成绿色。

图 7-11　可选颜色"白色"选项

图 7-12　可选颜色"黄色"选项

经过可选颜色调整图层后的效果如图 7-13 所示。

图 7-13　经过可选颜色调整图层后的效果

（5）此时，若觉得图像的色彩对比不够强，可以在图层面板中单击曲线调整图层（如图 7-14 所示），在弹出的曲线调整图层属性面板中继续修改，如图 7-15 所示，使图像明暗对比更加强烈，色彩饱和度增加。

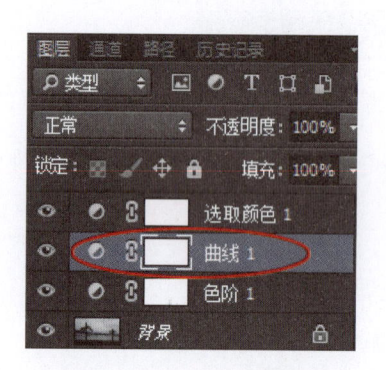

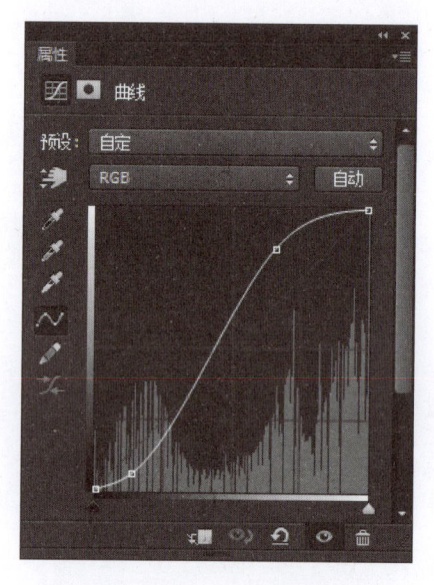

图 7-14　单击曲线调整图层　　　　图 7-15　继续修改曲线调整图层

## 7.1.4　调整色偏图像

（1）执行"文件→打开"命令，打开素材中的"马路.jpg"文件，这是一张在车内拍的照片，透过玻璃拍出烈日下的路面，很显然，图像色彩偏蓝色。

（2）执行"图层→新调整图层→色阶"命令，或单击图层面板中的新调整图层按钮，选择"色阶"命令（为了便于后期修改，这里使用了调整图层中的色阶，当然，也可以使用图像调整菜单下的"色阶"命令），首先打开色阶调整图层属性面板，在该属性面板中选择设置白场的吸管工具，如图 7-16 所示；然后单击图像中的白云部分，色阶调整图层属性面板中的直方图显示马上变成如图 7-17 所示，图像也由原来的偏蓝色变成正常色。

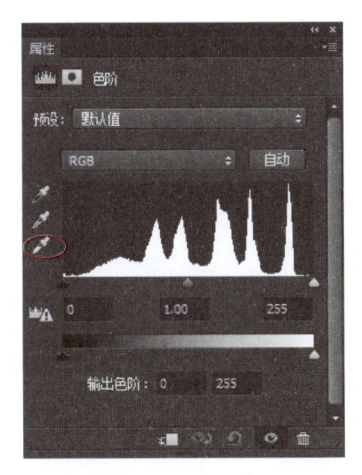

图 7-16  白场的吸管工具　　　　　　　图 7-17  调整后的直方图

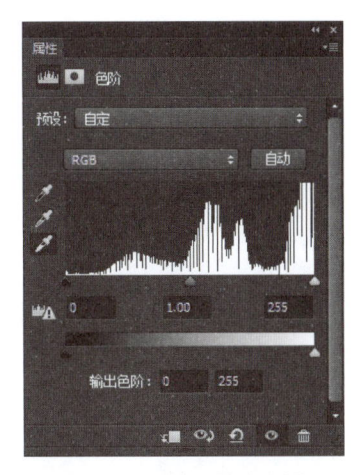

（3）为了增加图像的对比度，使高光区域变亮、阴影区域变暗，继续添加曲线调整图层。在曲线调整图层属性面板中，将曲线调整成"S"形，如图 7-18 所示，此时的图层面板如图 7-19 所示，最后的图像效果如图 7-20 所示。

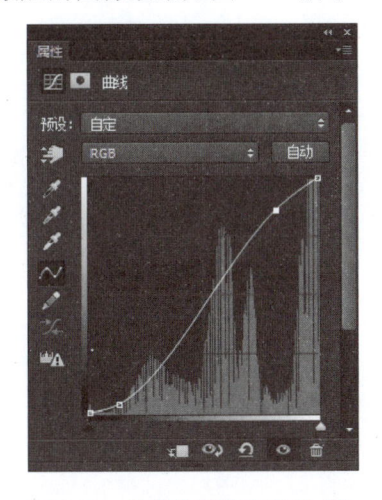

图 7-18  将曲线调整为"S"形　　　　　　图 7-19  此时的图层面板

图 7-20  最后的图像效果

以上用"色阶"命令来处理数码照片中的色偏问题，也可以用"色彩平衡"命令来处理色偏照片。

（4）执行"文件→打开"命令，打开素材中的"昆虫.jpg"文件，这是一张白平衡设置失误的数码照片，非常明显偏黄色。为了便于修改和恢复，还是使用新调整图层对图像进行处理。

（5）执行"图层→新调整图层→色彩平衡"命令，打开色彩平衡新调整图层属性面板，在色调中选择"中间调"，然后增加蓝色值，减少绿色值，如图 7-21 所示；再在色调中选择"高光"，增加蓝色值，减少绿色值，如图 7-22 所示。

（6）为了增加图像的对比度，继续添加曲线调整图层。在曲线调整图层属性面板中，将曲线调整成"S"形，如图 7-23 所示，此时的图层面板如图 7-24 所示，最后的图像效果如图 7-25 所示。

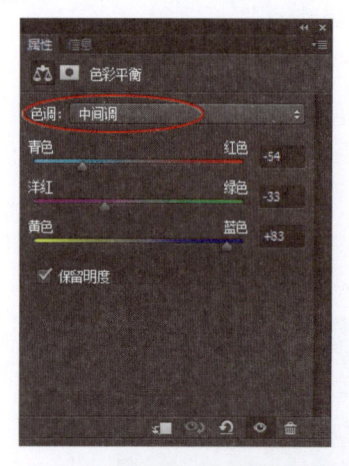

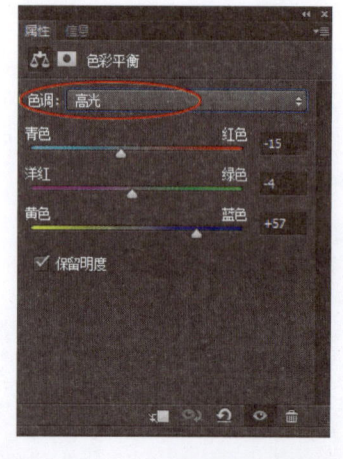

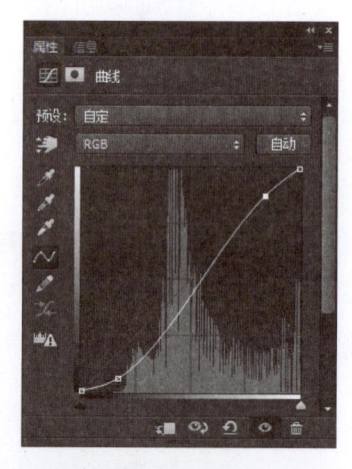

图 7-21　色彩平衡"中间调"选项　　图 7-22　色彩平衡"高光"选项　　图 7-23　将曲线调整为"S"形

图 7-24　此时的图层面板　　　　　　图 7-25　最后的图像效果

## 7.2　图像修复

下面使用"内容识别"进行修复。

（1）执行"文件→打开"命令，打开素材中的"大海.jpg"文件。

（2）选择工具箱中的矩形选框工具 ▭ ，选中海面中需要去掉的内容，如图 7-26（a）所示。

（3）执行"编辑→填充"命令，弹出"填充"对话框，如图 7-26（b）所示，在该对话框的"内容"选项中选择"内容识别",勾选"颜色适应"选项,然后单击"确定"按钮。选中的部分被填充成周围的色块。

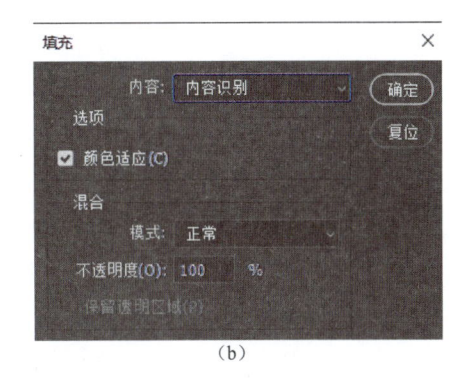

(a)

(b)

图 7-26　内容识别填充对话框

(4)用相同的方法把其他需要修复的地方用内容识别进行修复,修复后的图像效果如图 7-27 所示。

图 7-27　修复后的图像效果

(5)单击图层面板中的新调整图层按钮,选择"色阶"命令,调整参数如图 7-28 所示;继续添加新调整图层"曲线"命令,调整参数如图 7-29 所示。

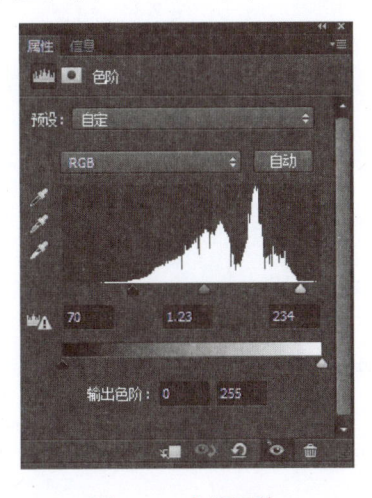

图 7-28　色阶调整

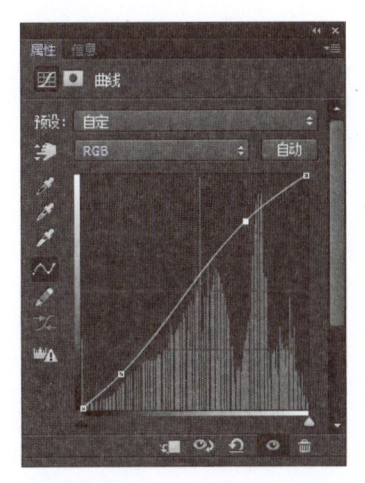

图 7-29　曲线调整

（6）为了去除海水黄色，添加新调整图层"可选颜色"命令，在可选颜色调整图层属性面板颜色中选择"黄色"，参数设置如图7-30所示；修改颜色中的"绿色"，参数设置如图7-31所示；修改颜色中的"青色"，参数设置如图7-32所示。

图7-30　可选颜色"黄色"选项　　　图7-31　可选颜色"绿色"选项　　　图7-32　可选颜色"青色"选项

经过色彩调整后的效果如图7-33所示，调整后的图层面板如图7-34所示。

图7-33　经过色彩调整后的效果　　　　　　　图7-34　调整后的图层面板

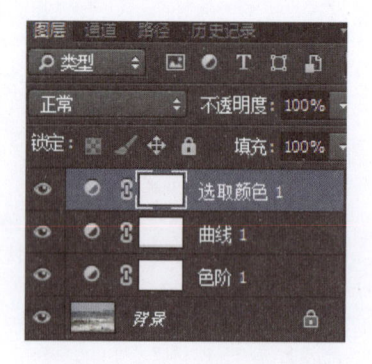

## 7.3　人像美肤

### 7.3.1　使用修复画笔修复皮肤

（1）执行"文件→打开"命令，打开素材中的"生活照.jpg"文件。

（2）选择工具箱中的污点修复画笔工具，在属性栏中设置合适的画笔大小，再在脸部的斑点处单击，即可清除脸部较小的斑点。

（3）选择修复画笔工具，按Alt键在完好的皮肤处取样，松开Alt键，在需要修复的地方涂抹画笔，即可修复较大的色块，修复后的效果如图7-35所示。

## 7.3.2 使用裁剪工具裁剪图像

（1）选择工具箱中的裁剪工具 ▣，在属性栏中设置裁剪的宽度为 2.5 厘米，高度为 3.5 厘米，分辨率为 300 像素/英寸，对图片裁剪保留头像部分，如图 7-36 所示。按 Enter 键确认本次裁剪，如图 7-37 所示，对图像进行存储。

图 7-35　皮肤修复后　　　　　　　　　图 7-36　使用裁剪工具裁剪

（3）执行"图像→画布大小"命令，打开"画布大小"对话框，设置宽度为"2.96 厘米"、高度为"4.23 厘米"，设置"画布扩展颜色"为"白色"，如图 7-38 所示。

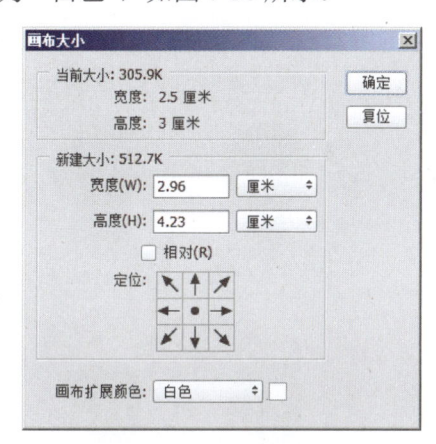

图 7-37　裁剪后的效果　　　　　　　　图 7-38　"画布大小"对话框

## 7.3.3 证件照片处理

（1）执行"选择→全部"命令或按 Ctrl+A 组合键全选图像。

（2）执行"编辑→定义图案"命令，弹出如图 7-39 所示的对话框，单击"确定"按钮将裁剪后的人像定义为图案。

（3）执行"文件→新建"命令或按 Ctrl+N 组合键，在弹出的对话框中设置文件宽度为 11.8 厘米，高度为 12.69 厘米，分辨率为 300 像素/英寸，颜色模式为"RGB 颜色"，如图 7-40 所示。

图 7-39 "图案名称"对话框　　　　　图 7-40 "新建文档"对话框

（4）在工具箱中选择油漆桶工具，在其属性栏中设置填充为"图案"，在图案中选择自定义图案"裁剪后"，如图 7-41 所示。

图 7-41　油漆桶工具属性栏

（5）用油漆桶工具在新建的画面中单击，填充图案，最后的效果如图 7-42 所示。

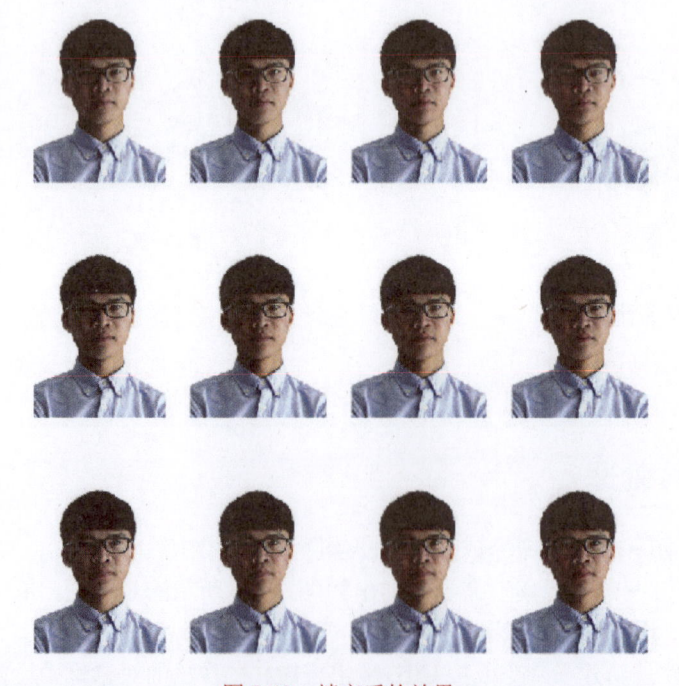

图 7-42　填充后的效果

## 7.3.4 使用中性灰美化皮肤

（1）执行"文件→新建"命令打开素材"中性灰美肤.jpg"。
（2）按 Ctrl+J 组合键复制一层图层。
（3）如图 7-43 所示，选用污点修复画笔工具在复制的图层上清除人物脸上较大的斑点痘印。
（4）在图层面板下方创建一个纯色图层，如图 7-44 所示。

图 7-43　使用污点修复画笔工具清除斑点痘印　　　图 7-44　创建纯色图层

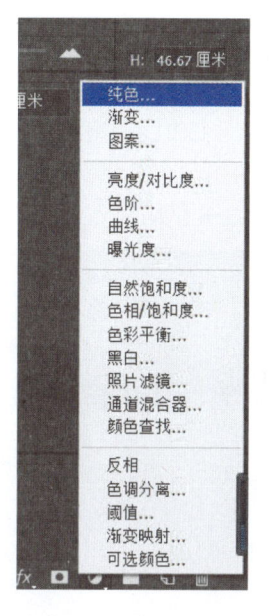

（5）在弹出的选项框中选取纯黑（颜色值为#000000），单击"确定"按钮。

图 7-45　拾色器选择纯黑

（6）将该图层的混和模式改为"颜色"，如图 7-46 所示。

（7）按 Ctrl+J 组合键复制该纯色图层。

（8）将复制层的图层混和模式改为"柔光"，如图 7-47 所示。

图 7-46　将图层混和模式修改为"颜色" 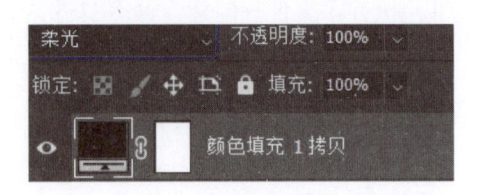　　　图 7-47　将图层混和模式修改为"柔光"

（9）新建一个曲线调整图层，把它的亮部提亮，把它的暗部压暗，如图 7-48 所示。

（10）单击第一个纯黑图层，再按住 Shift 键单击第三个曲线调整图层，然后按 Ctrl+G 组合键进行编组，并把组名改为"观察组"，如图 7-49 所示。

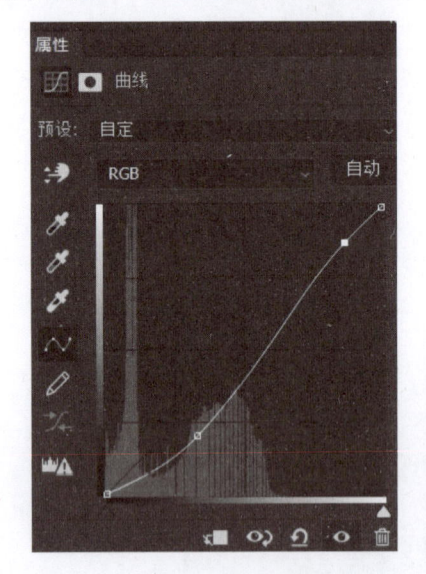

图 7-48　曲线修改后 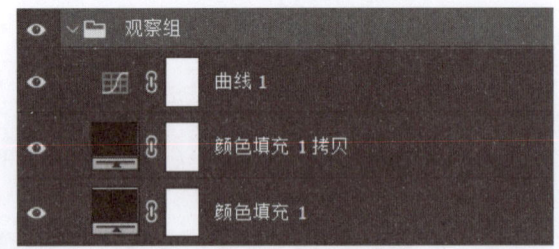　　　图 7-49　建立观察组

（11）按 Ctrl+Shift+N 组合键，新建图层。

（12）在弹出的选项框中将模式改为"柔光"，然后勾选"填充柔光中性色（50%灰）"选项，如图 7-50 所示。

（13）将该图层移至观察组下边，并将该图层的名称改为"中性灰"，如图 7-51 所示。

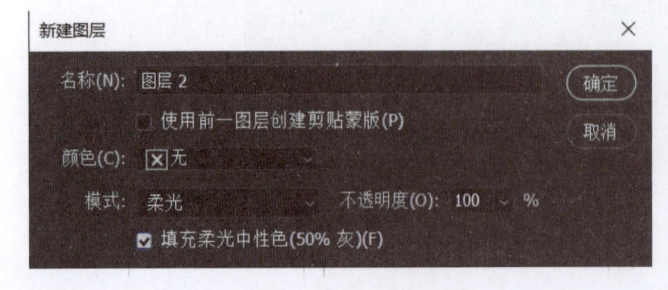

图 7-50　新建图层设置 　　　图 7-51　移动图层并改名

（14）在左边的工具栏中选中画笔工具，更改画笔属性栏中的不透明度为 10%，流量为 10%，如图 7-52 所示。

图 7-52　设置画笔参数

（15）调整画笔的前景色和背景色为黑白（单击旁边的双向小箭头可以切换前景色和背景色，按键盘上的 X 键也可以进行切换），如图 7-53 所示。

（16）放大图片，按键盘上的两个中括号键"["  "]"，可以分别对笔触进行缩小和放大。

图 7-53　设置前景色和背景色

（17）开始用黑色或白色进行涂抹，使皮肤表面的光影更均匀，如图 7-54 所示。使用中性灰处理后的最终效果如图 7-55 所示。

图 7-54　涂抹后

图 7-55　最终效果

## 7.4　杂志封面人物处理

高低频磨皮

### 7.4.1　对人像美肤处理

（1）执行"文件→打开"命令，打开素材中的"生活照.jpg"文件，按两次 Ctrl+J 组合键复制两个图层，将图层分别命名为"低频"和"高频"。

（2）在图层面板中单击"低频"，执行"滤镜→模糊→高斯模糊"命令，半径为 5.8，如图 7-56 所示。

（3）对"高频"图层执行"图像→应用图像"命令，图层选择"低频"，混和模式选择"相加"，勾选"反相"，设置缩放为 2，如图 7-57 所示。

（4）将"高频"图层的图层模式改成"线性光"。

（5）在"高频"图层对人物面部进行修复，使用污点修复工具，将人物脸上的痘印和不光滑的部分修复，注意高光区域和阴影区域的交界处，处理后的效果如图 7-58 所示。

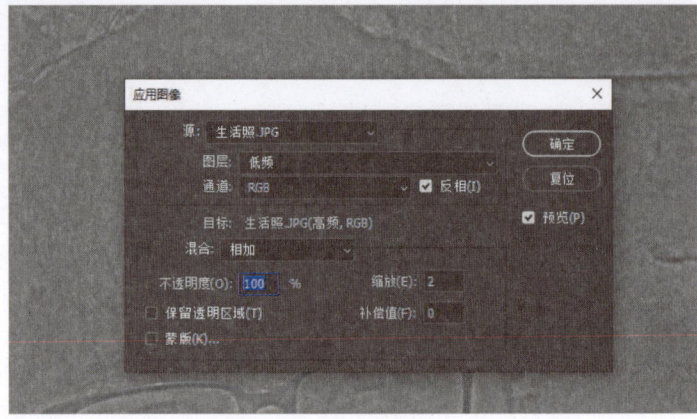

图 7-56　对"低频"图层执行"高斯模糊"　　图 7-57　对"高频"图层执行"应用图像"

图 7-58　在"高频"图层使用污点修复工具的效果

（6）在"低频"图层对人物高光与阴影进行模糊处理，使用套索工具，选择添加到选区，羽化半径选择 20 像素，如图 7-59 所示。将人物两颊、鼻子两边、下巴、额头的 T 字形高亮区选中，如图 7-60 所示，然后执行"滤镜→模糊→高斯模糊"命令，半径选择 20，如图 7-61 所示。

图 7-59　套索工具的属性设置

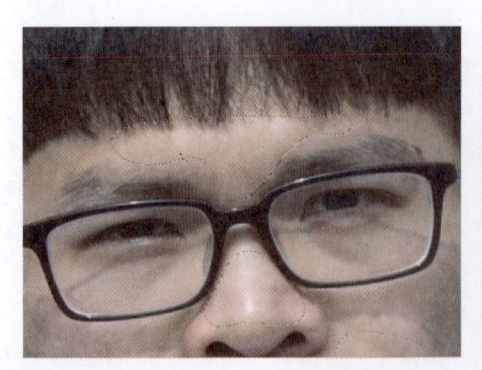

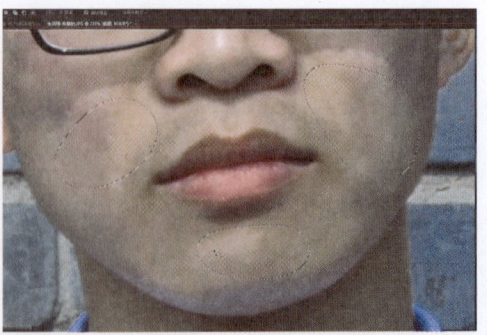

图 7-60　使用套索工具选中的 T 字形高亮区

（7）经过高、低频磨皮后的人像效果如图7-62所示。

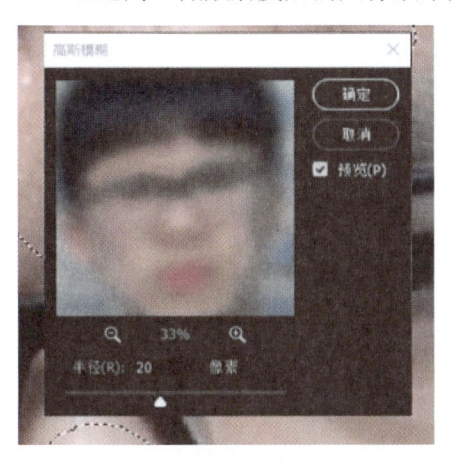

图7-61　对选择区域执行高斯模糊

图7-62　经过高、低频磨皮后的人像效果

## 7.4.2　抠取人像

（1）选择工具箱中的快速选择工具 ，对人像部分做一个初步选择，如图7-63所示。

（2）在属性栏中执行"选择并遮住"命令，设置视图为"叠加"，单击左侧的调整边缘画笔工具，如图7-64所示，在头发周围进行涂抹，此操作是为了抠图后得到自然的发丝。

图7-63　利用快速选择工具建立选区

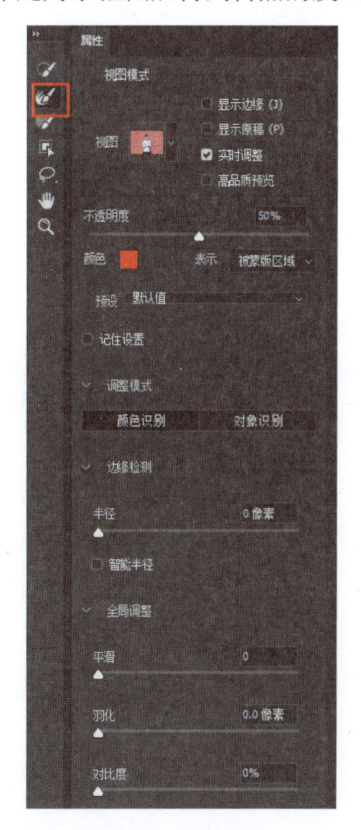

图7-64　属性栏

(3）按 Enter 键，确认选区的调整操作，然后执行"编辑→复制"命令。

（4）执行"文件→新建"命令，新建一个 A4 纸大小的文件，命名为"杂志封面"，背景内容为白色，如图 7-65 所示，单击"创建"按钮。

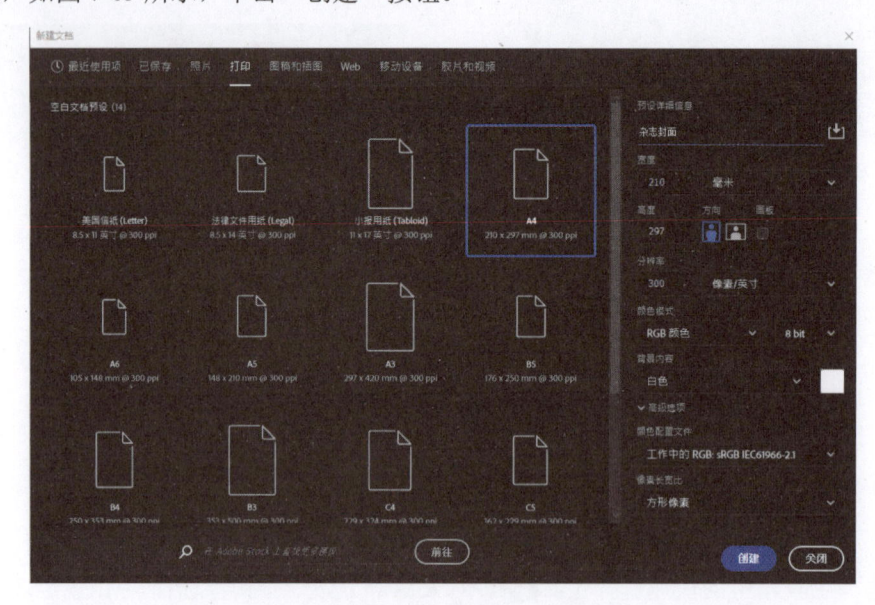

图 7-65 "新建文档"对话框

（5）在新建的"杂志封面.psd"文件上执行"编辑→粘贴"命令，并将第（3）步抠取的人像复制到此文件中，选择橡皮擦工具，在人像的周围部分进行擦除，使人像更加完整。

（6）为了使人像的肤色显得红润，在人像图层上添加新调整图层"可选颜色"，在调整图层属性面板颜色中选择"红色"，参数设置如图 7-66 所示。

（7）为了使人像的皮肤更加光滑，可以继续使用前面介绍过的中性灰磨皮对脸部皮肤进行细化处理，如图 7-67 所示。

图 7-66 可选颜色新调整图层属性面板 　　　图 7-67 经过中性灰处理后的人像皮肤

## 7.4.3 杂志封面合成

(1) 安装字体，既可以下载自己喜欢的字体，也可以安装素材中提供的字体。再次启动 Photoshop 软件时，选择文字工具就能在字体样式中找到所安装的字体。

(2) 在"杂志封面.psd"文件中，新建一个组，并将其命名为"文字"，在该组中输入需要的文字，此时的图层面板如图 7-68 所示，封面效果如图 7-69 所示。

(3) 新建一个 Photoshop 默认大小的文件，内容为白色，执行"滤镜→杂色→添加杂色"命令，参数设置如图 7-70 所示。

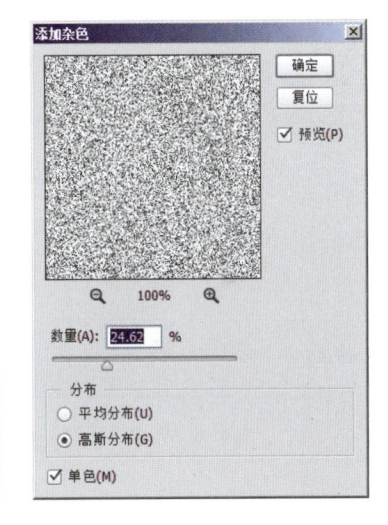

| 图 7-68 加入文字后的图层面板 | 图 7-69 加入文字后的封面效果 | 图 7-70 添加杂色滤镜设置 |

(4) 选择工具箱中的矩形选框工具，在属性栏中设定样式为"固定大小"，宽度为 1 像素，高度为 64 像素，如图 7-71 所示。

图 7-71 矩形选框工具属性栏设置

(5) 用矩形选框工具在画布上单击后就能建立一个 1 像素×64 像素的选区，执行"编辑→定义图案"命令。

(6) 在"杂志封面.psd"文件中，选择矩形选框工具，在属性栏设定样式为"正常"，在画布的左下角框选出条形码大小的区域。在图层面板新建一个图层，并命名为"条形码"，执行"编辑→填充"命令，弹出"填充"对话框，如图 7-72 所示。"内容"选择"图案"，在"选项"中选取刚才定义的图案，单击"确定"按钮，确认填充，效果如图 7-73 所示。

(7) 在"条形码"图层下方新建一个图层，并命名为"白色区域"，建立一个比条形码区域稍大的选区，填充白色，如图 7-74 所示。选择横排文字工具，在条形码右侧白色区域内输入数字，如图 7-75 所示。

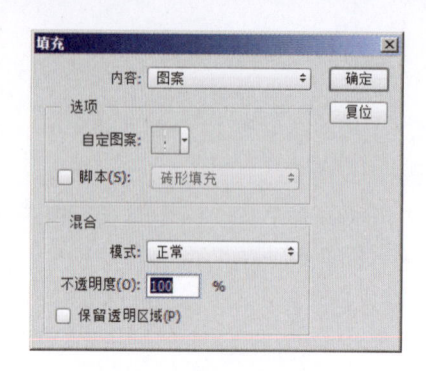

图 7-72 "填充"对话框

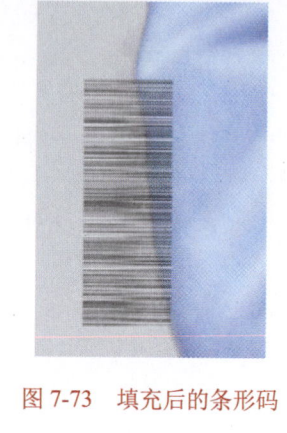

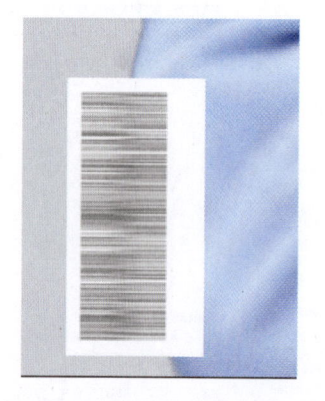

图 7-73 填充后的条形码

图 7-74 加入白色背景的条形码

图 7-75 输入数字的条形码

（8）为了使图层面板更加清晰，可以将"条形码"图层、"白色区域"图层及条形码文字图层编到"条形码"组中。最后的图层面板如图 7-76 所示，杂志封面效果如图 7-77 所示。

图 7-76 最后的图层面板

图 7-77 最后的杂志封面效果

## 7.5 Photoshop CC 相关知识

### 7.5.1 快速调整图像色彩命令

1）亮度/对比度命令

亮度/对比度命令用于调整图像亮度和对比度，在快速修复曝光不足或曝光过度的照片时非常有用。该命令会对每个像素进行相同程度的调整，改变亮度，会使整个图像变亮或变暗；改变对比度，则会减少图像细节。

对如图 7-78 所示的图像进行亮度/对比度处理时，执行"图像→调整→亮度/对比度"命令，打开亮度/对比度对话框，如图 7-79 所示，设置"亮度"为 100，使图像变亮，显示出更多细节；设置"对比度"为 70，使建筑色彩鲜艳，如图 7-80 所示，经过亮度/对比度处理后的图像效果如图 7-81 所示。

图 7-78　原图　　　　　　　　　　图 7-79　亮度设置

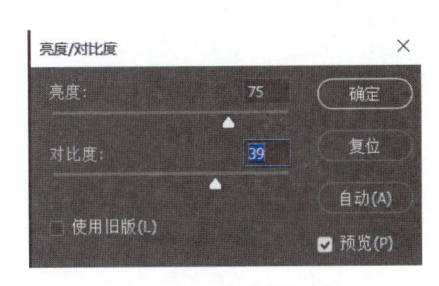

图 7-80　对比度设置　　　　　图 7-81　经过亮度/对比度处理后的图像效果

2）自然饱和度

自然饱和度命令用于调整颜色饱和度，它可以在颜色接近最大饱和度时防止出现溢色，非常适合处理人物照片,可以避免皮肤颜色过于饱和而不自然。

打开一张人物照片,如图 7-82 所示,执行"图像→调整→自然饱和度"命令,打开"自然饱和度"对话框,如图 7-83 所示。在该对话框中有两个滑块,向左拖动可以降低颜色的饱和度,向右拖动可以增加颜色的饱和度。

图 7-82　原图

图 7-83　自然饱和度对话框

(1)自然饱和度滑块。拖动该滑块增加饱和度时,Photoshop 不会生成过于饱和的颜色。即使调整到最高饱和度值,皮肤颜色变得红润以后,仍然能保持自然效果,如图 7-84 所示。

(2)饱和度滑块。拖动该滑块可以增加所有颜色的饱和度,如图 7-85 所示,可以看到皮肤的颜色过于饱和而显得不自然了。

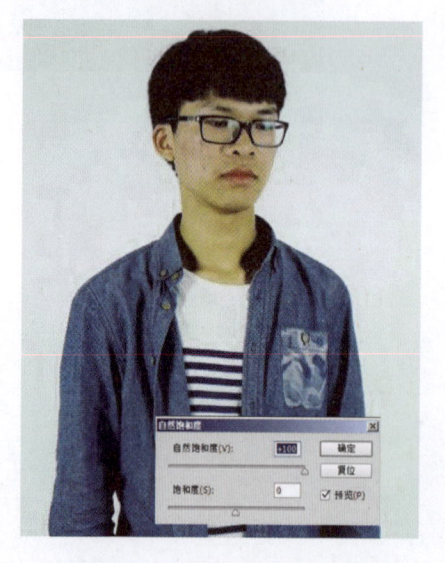

图 7-84　自然饱和度调整后的效果

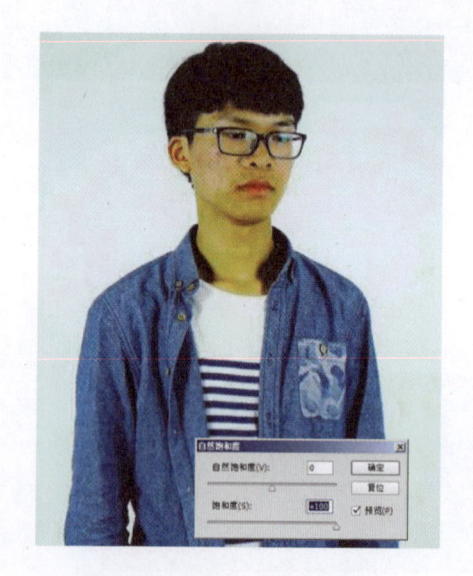

图 7-85　饱和度调整后的效果

3)色彩平衡命令

色彩平衡命令可以调整各种色彩之间的平衡。它将图像分为高光、中间调和阴影 3 种色调,可以调整其中一种或两种，也可以调整全部色调的颜色，可以只调整高光色调中的红色，而不会影响中间调和阴影中的红色。

打开一张色偏图像，如图7-86所示，执行"图像→调整→色彩平衡"命令，调整中间调的参数，减少中间调的红色，如图7-87所示。

图7-86　原图　　　　　　　　　　图7-87　色彩平和处理后效果

4）照片滤镜命令

照片滤镜命令可以模拟彩色滤镜，调整通过镜头传输的光的色彩平衡和色温。对于调整数码照片特别有用。

打开一张婚纱照，如图7-88所示，执行"图层→新建调整图层→照片滤镜"命令，在"滤镜"下拉列表框中选择"黄"选项，设置"浓度"为100%，选中"保留明度"复选框，模拟出在相机镜头前加装黄色滤镜所拍出的色彩效果，如图7-89所示，添加紫色滤镜的效果如图7-90所示。

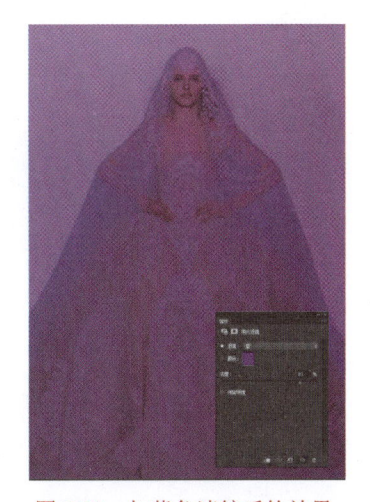

图7-88　原图　　　　图7-89　加黄色滤镜后的效果　　　　图7-90　加紫色滤镜后的效果

5）去色命令

去色命令可以删除彩色图像的颜色信息，将图像转换为黑白效果，但不会改变图像的颜色模式。

打开一张人像素材，如图 7-91 所示，按 Ctrl+J 键复制背景图层。执行"图像→调整→去色"命令，将图像转换为黑白颜色，删除色彩信息，得到黑白照片效果，如图 7-92 所示。

图 7-91　原图

图 7-92　去色处理后的效果

6）色调均化命令

通过色调均化命令，不但可以重新分布像素的亮度值，将最亮的值调整为白色、最暗的值调整为黑色，中间值分布在整个灰度范围中，使它们均匀呈现所有范围的亮度基本（0～255），还可以增加颜色相近像素间的对比度。

打开一个素材，如图 7-93 所示，执行"图像→调整→色调均化"命令，均匀分布像素，效果如图 7-94 所示。

图 7-93　原图

图 7-94　色调均化处理后的效果

### 7.5.2　调整颜色与色调命令

1）色阶命令

色阶命令可以调整图像阴影、中间调和高光的强度，校正色调范围和色彩平衡。打开一个图像，执行"图像→调整→色阶"命令，打开色阶对话框，如图 7-95 所示。

（1）预设。在该下拉列表中包含 Photoshop 提供的预设调整文件，如图 7-96 所示，选择一个文件，即可对图像自动应用调整。

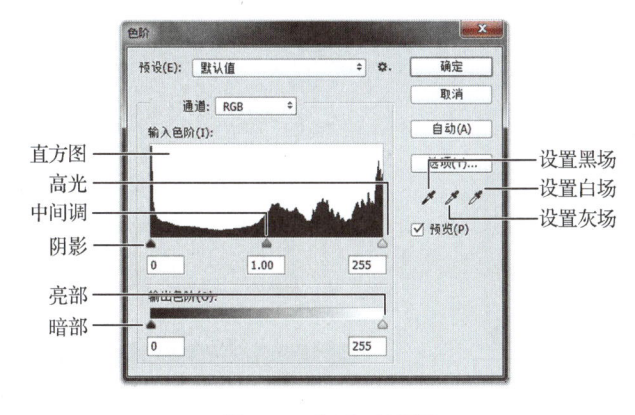

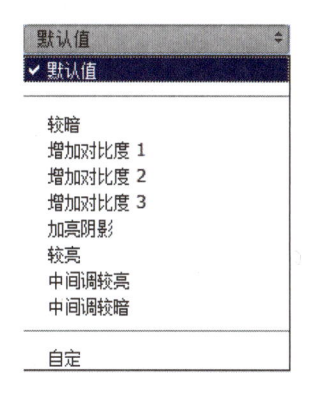

图 7-95　色阶对话框　　　　　　　　　　　　图 7-96　色阶预设选项

（2）通道。在该下拉列表中可以选择要调整的通道，调整通道后会影响图像的色彩。

（3）输入色阶。输入色阶用来调整图像的阴影（左侧滑块）、中间调（中间滑块）和高光区域（右侧滑块）的范围。可以通过拖动滑块或在滑块下面的文本框中输入数值来调整色调，向左侧移动滑块，可以使对应的色调变亮，反之变暗。

（4）输出色阶。输出色阶用来限定图像的亮度范围，拖动亮部或暗部滑块，或在滑块下面的文本框中输入数值，可以降低色调的对比度。

（5）吸管工具。用"设置黑场工具"在图像中单击，可以使图像中比该点深的色调变为黑色；用"设置白场工具"在图像中单击，可以使图像中比该点浅的色调变为白色；用"设置灰场工具"在图像中单击，可以根据单击点的像素的亮度来调整其他中间色调的平均亮度。吸管工具常用来校正色偏的图像。

（6）自动。单击该按钮，可以自动完成颜色和色调的调整，使图像的亮度分布更加均匀。

（7）选项。单击该按钮，可以打开"自动颜色校正选项"对话框，在该对话框中，可以设置黑色像素和白色像素的比例。

2）曲线命令

曲线命令具有调整"色阶""阈值""亮度/对比度"等功能。打开一个文件，执行"图像→调整→曲线"命令，打开"曲线"对话框，如图 7-97 所示。

（1）预设。该下拉列表框中包含 Photoshop 提供的预设调整文件，如图 7-98 所示，它们可以对图像自动应用调整。打开如图 7-99 所示的素材，使用预设下的"负片"选项后的效果如图 7-100 所示。

（2）通道。在该下拉列表框中可以选择需要调整的通道，调整通道会影响图像的颜色。

（3）通过添加点来调整曲线。先单击该按钮后，再在曲线中单击，可以添加新的控点，拖动控制点改变曲线的形状，即可调整图像色彩。

（4）使用铅笔绘制曲线。单击该按钮后，可以在对话框中绘制手绘效果的自由曲线，如图 7-101 所示。绘制曲线后，单击对话框中的按钮，可以在曲线上显示控点，如图 7-102 所示，单击"平滑"按钮可以平滑曲线，如图 7-103 所示。

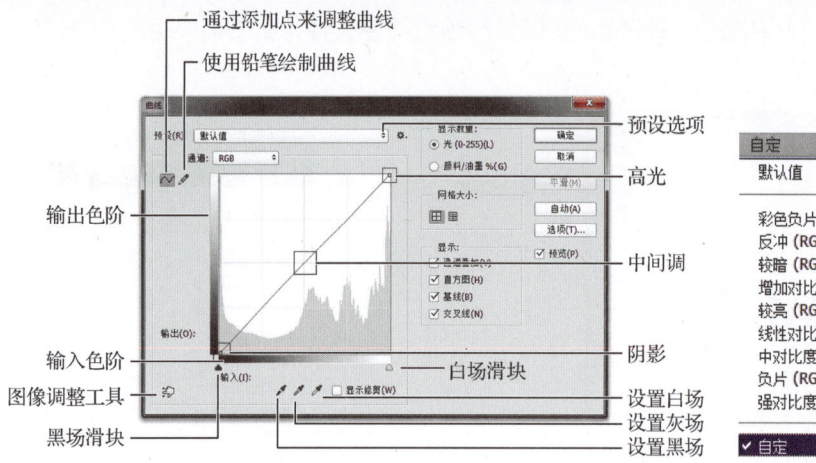

图 7-97　曲线对话框　　　　　　　　　　　　　　　图 7-98　曲线预设选项

图 7-99　原图　　　　　　　　　　　　　　　图 7-100　用预设下的"负片"选项后的效果

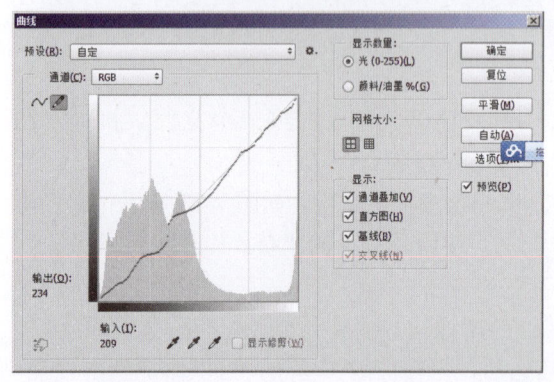

图 7-101　手绘效果的自由曲线　　　　　　　　　图 7-102　曲线上显示控点

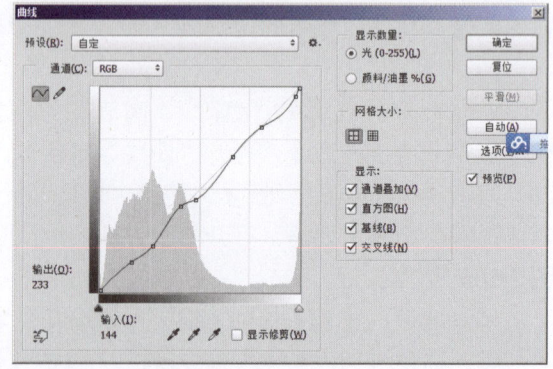

（5）图像调整工具 。选择该工具,将光标放在图像上,此时曲线上会出现一个空的圆形图形,它代表光标处的色调在曲线上的位置,如图 7-104 所示。在画面中单击并拖动鼠标,可以添加控点并调整相应色调。

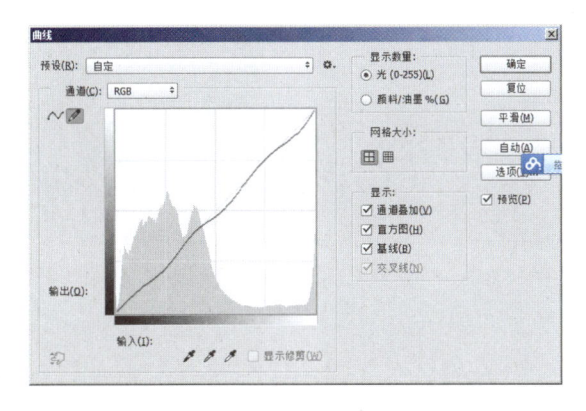

图 7-103　平滑曲线

图 7-104　光标处的色调在曲线上的位置

在画面的深色部分单击，同样生成一个控点，拖动两个控点的位置，经过曲线处理后的效果如图 7-105 所示。

图 7-105　经过曲线处理后的效果

3）色相/饱和度命令

色相/饱和度命令可以对色彩的三大属性，即色相、饱和度和明度进行调整，它既可以单独调整单一颜色的色相、饱和度和明度，也可以同时调整图像中所有颜色的色相、饱和度和明度。

打开一个素材，如图 7-106 所示，执行"图层→新建调整图层→色相/饱和度"命令，在新调整图层属性面板中选择"绿色"选项，增加饱和度和明度值，如图 7-107 所示。

图 7-106　原图　　　　　　　　　　　　图 7-107　色相/饱和度处理的效果

#### 4）阴影/高光命令

阴影/高光命令是为突出照片中曝光不足或曝光过度的细节而设计的。

打开素材，如图 7-108 所示，执行"图像→调整→阴影/高光"命令，打开阴影/高光对话框，如图 7-109 所示。

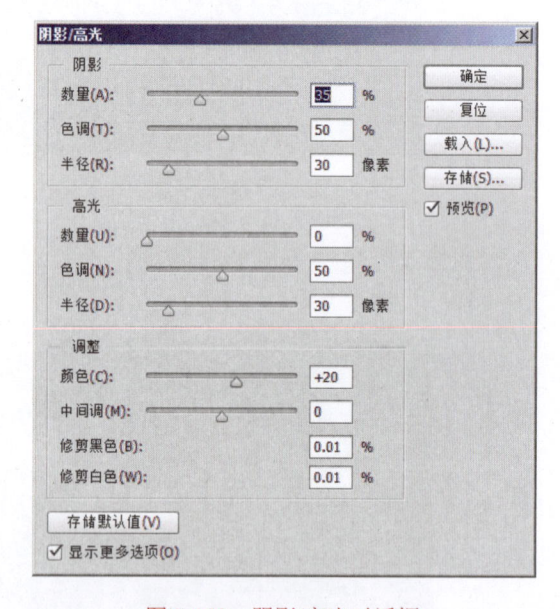

图 7-108　原图　　　　　　　　　　　　图 7-109　阴影/高光对话框

（1）"阴影"选项组。拖动滑块可以控制调整强度，越往右数值越大，阴影区域越亮。"色调"选项用来控制色调的修改范围，较小的值会限制对较暗的区域进行校正，较大的值会影响更多色调。"半径"选项可以控制每个像素周围的局部相邻像素大小，相邻像素决定了像素是在阴影中还是在高光中。

（2）"高光"选项组。拖动滑块可以控制调整强度，越往右数值越大，高光区域越暗；"色调"选项可以控制色调的修改范围，较小的值只对较亮的区域进行校正，较大的值会影响更多的色调。"半径"选项可以控制每个像素周围局部相邻像素的大小。

（3）颜色。该选项可以调整已更改区域的色彩。

（4）中间调。该选项用来调整中间调的对比度。向左侧拖动滑块降低对比度，向右侧拖动滑块增加对比度。

（5）修剪黑色/修剪白色。该选项可以指定在图像中将多少阴影和高光剪切到新的极端阴影和高光颜色。该值越高，图像的对比度越强。

（6）存储为默认值。利用该按钮可以将当期的参数设置存储为预设，当再次打开"阴影/高光"对话框时会显示该参数。

（7）显示更多选项。选中该复选框，可以显示全部选项。

## 7.5.3 匹配/替换/混和颜色命令

### 1）通道混和器

在"通道"面板中，各个颜色通道保存着图像的色彩信息。调整颜色通道的明度，就会改变图像的颜色，"通道混和器"可以通过修改颜色通道混和信息，修改颜色通道中的光线量，影响其颜色含量，从而改变颜色。

打开素材，如图7-110所示，执行"图像→调整→通道混和器"命令，将"输出通道"分别设置为红、绿、蓝，设置参数如图7-111所示。经过调整后的效果如图7-112所示。

图 7-110　原图

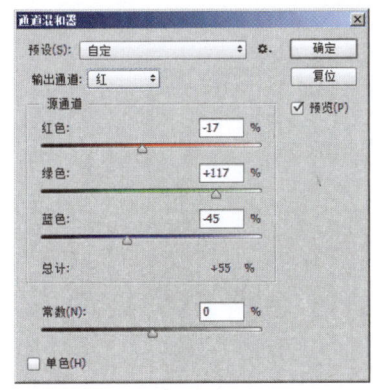

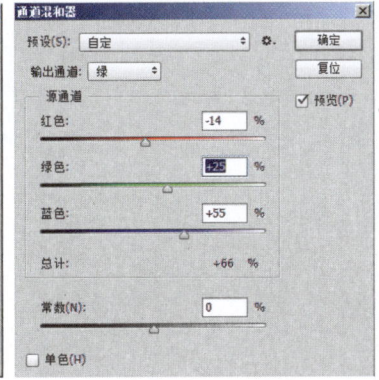

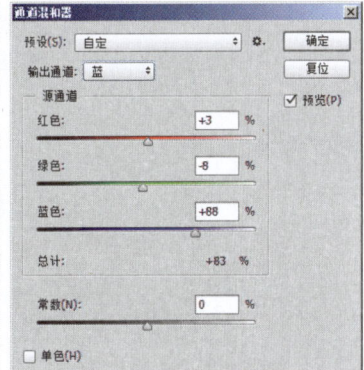

图 7-111　通道混和器的参数设置

图 7-112　通道混和器处理后的效果

2）可选颜色命令

可选颜色命令通过调整印刷油墨的含量来控制颜色。使用"可选颜色"命令可以有选择地修改主要颜色中的印刷色含量，但不会影响其他主要颜色。

打开一个素材，如图 7-113 所示，执行"图像→调整→可选颜色"命令，在颜色下拉列表框中选择"白色"选项，选中"相对"按钮，参数设置如图 7-114 所示，其他色卡的参数设置如图 7-115 所示。经过"可选颜色"处理后的效果如图 7-116 所示。

图 7-113　原图　　　　　图 7-114　白色选项参数设置

图 7-115　其他色卡的参数设置

图 7-116　经过可选颜色处理后的效果

3）匹配颜色命令

利用匹配颜色命令可以将一个图像的颜色与另一个图像的颜色相匹配,比较适合使多个图像的颜色保持一致。

打开两个素材文件,如图 7-117 所示,在花文件上执行"图像→调整→匹配颜色"命令,如图 7-118 所示。

图 7-117　匹配颜色处理的原图

设置"渐隐"参数为 40,在"源"下拉列表中选择"匹配颜色 1.jpg",经过匹配颜色命令后的效果如图 7-119 所示。

4）替换颜色命令

利用替换颜色命令可以选中图像中的某种颜色,修改其色相、饱和度和明度。

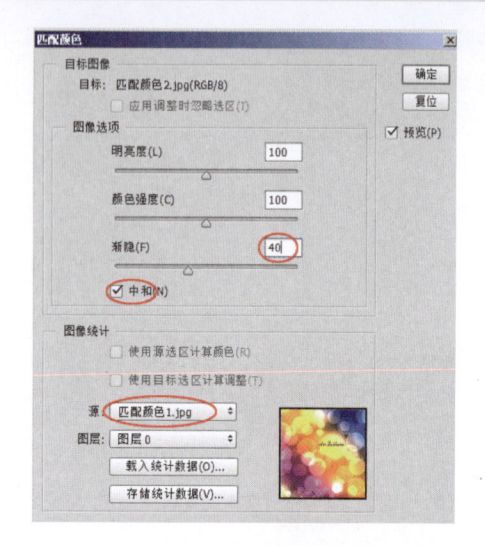

图 7-118　匹配颜色对话框　　　　　　　图 7-119　经过匹配颜色命令后的效果

打开一个素材，如图 7-120 所示，执行"图像→调整→替换颜色"命令，打开"替换颜色"面板，如图 7-121 所示，使用吸管工具在图像的雨伞部分吸取，继续使用吸管工具直到完整的雨伞被选中为止，然后修改面板中的色相及饱和度值，使雨伞的颜色替换为橙色，如图 7-122 所示。

图 7-120　原图　　　　　　　　　　　　图 7-121　色彩选择范围

图 7-122　替换颜色处理后的效果

## 7.5.4 调整特殊色调

### 1）反相命令

利用反相命令可以将图像中的颜色和亮度全部翻转。

打开一个素材,如图 7-123 所示,执行"图像→调整→反相"命令,得到如图 7-124 所示的效果。

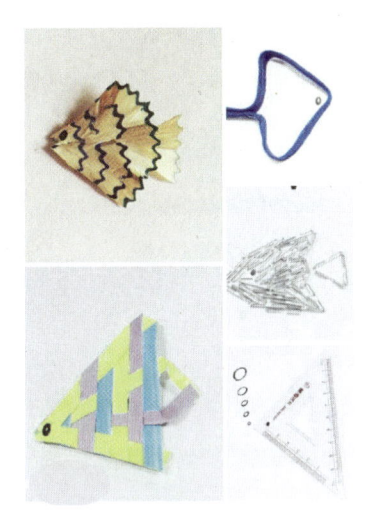

图 7-123　原图

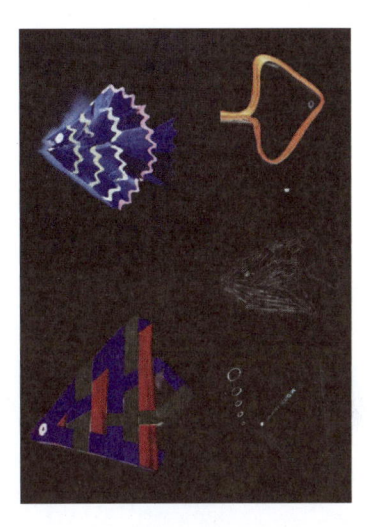

图 7-124　反相处理后的效果

### 2）阈值命令

利用阈值命令可以删除图像的色彩信息,并将其转化为只有黑色和白色亮色。该命令可以用于制作单色照片,或者模拟类似手绘效果的线稿。

打开一个素材,如图 7-125 所示,执行"图像→调整→阈值"命令后如图 7-126 所示。

图 7-125　原图

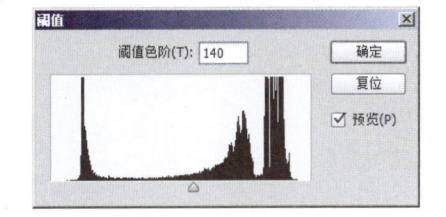

图 7-126　阈值命令处理效果

### 3）渐变映射命令

先利用渐变映射命令可以将图像转为灰度,再用设定的渐变色替换图像中的各级灰度。

打开素材,如图 7-127 所示,执行"图像→调整→渐变映射"命令,在面板中选择名称为"色谱",应用渐变映射后的处理效果如图 7-128 所示。

图 7-127　原图

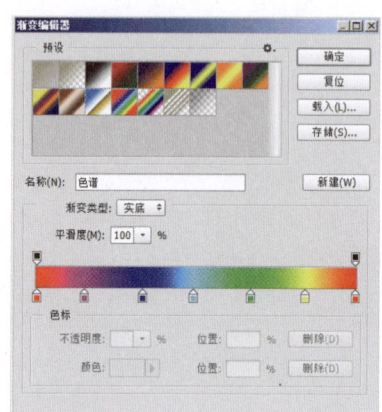

图 7-128　应用渐变映射后的处理效果

## 思考与练习 7

为素材中的人物调整颜色并抠取图像，如下图左边为素材，右边为调整后的效果。

# 项目 8

## 图像合成的秘密

图像合成的秘密

利用图层蒙版和图层模式抠取人像，掌握图层蒙版的作用及实现方法；利用矢量蒙版，为模特人像加入装饰物，并且使加入的装饰物融入图像，掌握矢量蒙版的作用及与路径的关系；使用图层样式制作图像背景，掌握图层样式的使用及参数设置。

### 能力目标

- 掌握利用图层模式和图层蒙版抠取有发丝的人像。
- 利用图层样式制作图像的背景纹理。
- 掌握矢量蒙版的使用方法。
- 掌握使用画笔工具及加深工具为图像添加阴影。

## 8.1 利用图层蒙版和图层模式抠图

（1）执行"文件→打开"命令，打开素材中的"人物.jpg"文件，在图层面板中双击背景图层使其变为可编辑的普通图层，将图层命名为"人物"。执行"文件→存储"命令，并将文件名命名为"时尚牛仔.psd"。

（2）拖动"人物"图层到新建按钮，对图层进行复制，得到"人物 拷贝"图层。

（3）在"人物"图层下方新建一个空白图层，命名为"背景"。设置前景色为白色，背景色为"#60d146"，选择工具箱中的渐变工具 ■，在属性栏设置渐变编辑器为"前景色到背景色"渐变，渐变方式为"径向渐变"。在"背景"图层从中心向外拉出渐变。此时的图层面板如图 8-1 所示。

（4）在"人物"图层上方新建一个空白图层，并选取原图背景中最暗的颜色作为前景色（这个图中最暗的颜色在右上角），填充空白图层，然后执行"图像→调整→反相"命令，将填充的图层进行反相处理，并把该图层的模式改为"颜色减淡"。

（5）把该图层与"人物"图层合并，并将该图层模式改为"正片叠底"。这时候隐藏"人物 拷贝"图层，就能看到人物在从白色到绿色的渐变背景中，如图 8-2 所示。

图 8-1　图层面板　　　　　　图 8-2　人物在从白色到绿色的渐变背景中

（6）为了使肤色、头发及服饰恢复原来的颜色，在"人物 拷贝"图层建立图层蒙版。执行"图层→图层蒙版→显示全部"命令或在图层面板的下方单击建立图层蒙版按钮 ■，为"人物 拷贝"图层建立图层蒙版，图层面板如图 8-3 所示。

（7）设置前景色为黑色，选择工具箱中的画笔工具 ✎，在图层蒙版上涂抹出背景；在人物的边缘部分，为了增加环境色的影响，可以降低画笔的不透明度和流量值，轻轻涂抹，若是涂得区域过大，则可以把前景色改成白色重新修改；反复涂抹，直到满意为止，如图 8-4 所示。

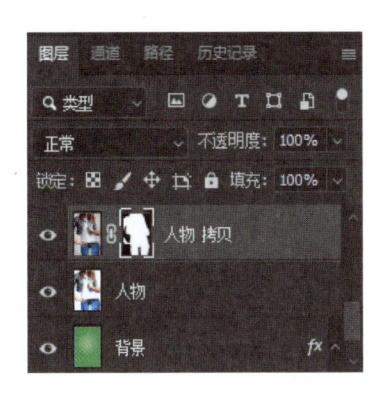

图 8-3　新建图层蒙版后的图层面板　　　　　　图 8-4　抠图效果

## 8.2　利用图层样式为背景增加纹理

为体现牛仔的纹理效果，可以在背景图层上增加类似纹理。

在图层面板中单击"背景"图层，以确认当前操作图层为该图层，执行"图层→图层样式→图案叠加"命令或单击图层面板下方的图层样式按钮 fx，并选择"图案叠加"样式，弹出如图 8-5 所示的对话框。将混和模式设为"叠加"；将图案设为"水平排列"。为了使纹理更细腻，在缩放处将滑块移动到 27%。图层面板及效果如图 8-6 所示。

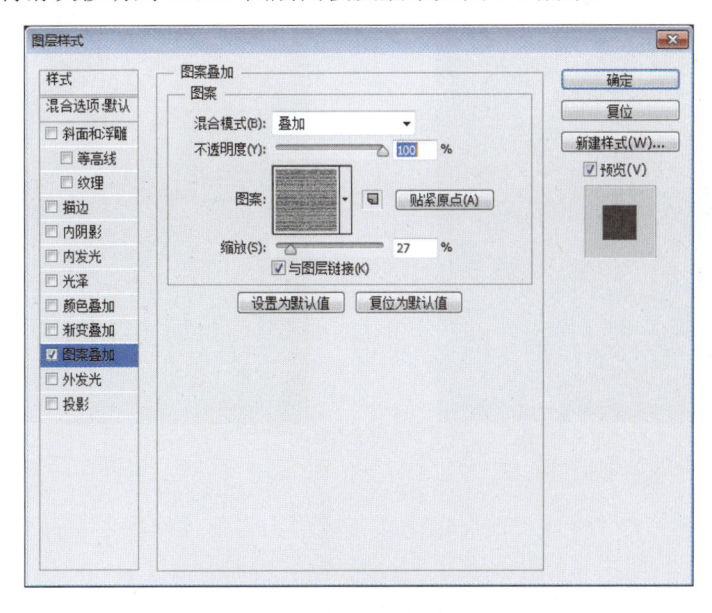

图 8-5　图案叠加图层样式

图 8-6　图层面板及效果

## 8.3　建立矢量蒙版

（1）打开素材中的"蔓藤.psd"文件，把蔓藤拖动到"牛仔时尚.psd"文件中，并利用移动工具，将蔓藤拖动到左侧口袋上方，如图 8-7 所示。

（2）建立路径，该路径区域就是蔓藤显示的区域。选择钢笔工具 ，在属性栏中确认建立的是路径，在画布上建立路径，如图 8-8 所示（为突出路径，隐藏蔓藤图层的效果）。

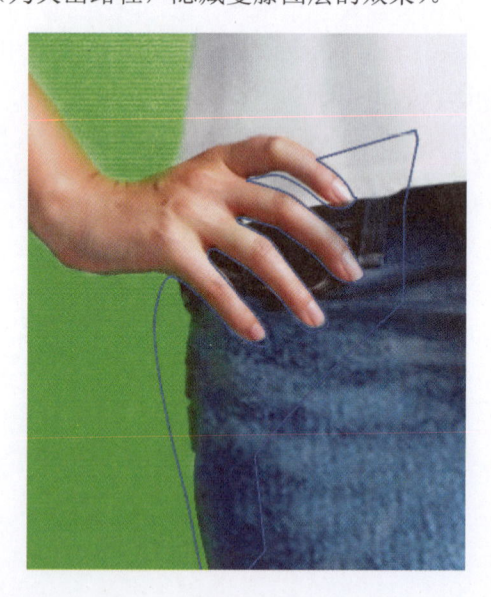

图 8-7　蔓藤放置的位置　　　　　　　　　图 8-8　用钢笔工具建立路径

（3）在图层面板单击"蔓藤"图层以确认该图层为当前操作图层，执行"图层→矢量蒙版→当前路径"命令，如图 8-9 所示；为"蔓藤"图层增加矢量蒙版，即显示前一步所建立的路径区域内容，显示效果及图层面板如图 8-10 所示。

项目8 图像合成的秘密

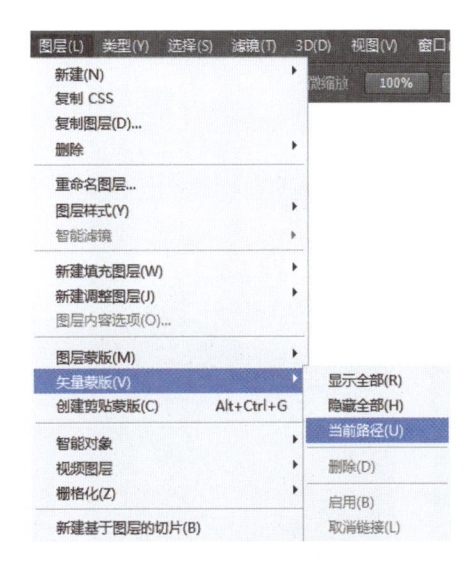

图 8-9 建立矢量蒙版菜单

图 8-10 添加矢量蒙版后的图层及效果

## 8.4 利用加深工具添加层次

（1）为了突出蔓藤在手的下方，需要通过给蔓藤添加暗部颜色来增加蔓藤的层次。选择工具箱中的加深工具，在属性栏中设置好画笔大小。范围为"中间调"，曝光度为"12%"。在蔓藤的上方涂抹，直到出现暗部色调为止，如图 8-11 所示。

（2）打开素材中的"相片.psd"文件，并将其拖动到"牛仔时尚.psd"文件中，利用移动工具将相片移动到牛仔裤的右侧口袋上。执行"编辑→变换→缩放"命令及"编辑→变换→旋转"命令对相片进行调整，直到满意为止，如图 8-12 所示。

（3）为了使相片有装在口袋的效果，继续建立路径及矢量蒙版。使用钢笔工具创建如

图 8-13 所示的路径(隐藏"相片"图层的效果)。

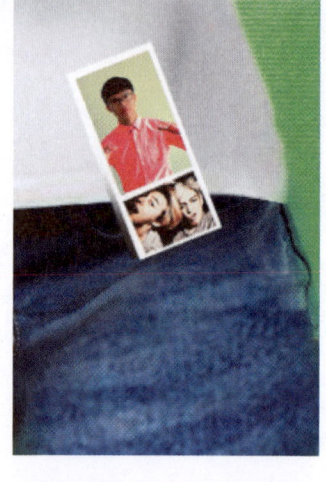

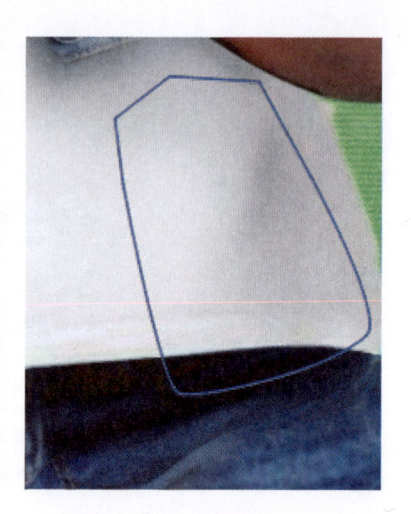

图 8-11 利用加深工具添加阴影　　图 8-12 调整相片摆放位置　　图 8-13 建立路径

(4)在图层面板中单击"相片"图层以确认该图层为当前操作图层,执行"图层→矢量蒙版→当前路径"命令,为相片图层创建矢量蒙版,图层面板及效果如图 8-14 所示。

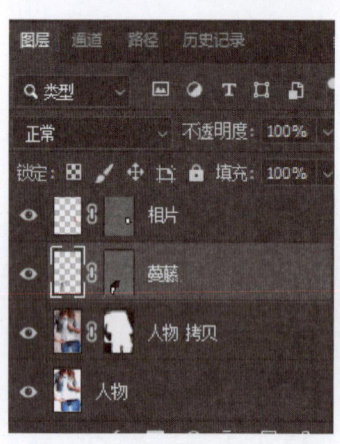

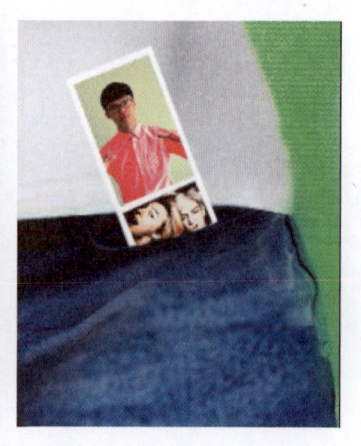

图 8-14 为相片图层创建矢量蒙版后的图层面板及效果

## 8.5 利用画笔工具添加层次

(1)为了突出相片在口袋中的效果,需要在相片的下半部分添加阴影增加图像的层次。单击图层面板上方的锁定透明区域按钮,锁定"相片"图层的透明区域,选择画笔工具,设置前景色为黑色,修改画笔大小,降低不透明度及流量值,在口袋附近的相片处用画笔涂抹出暗部效果。

(2)继续为"相片"图层添加图层样式,增加相片在牛仔裤上的投影。执行"图层→图层样式→投影"命令或单击图层面板下方的图层样式按钮 fx.,并选择"投影"样式,弹出如图 8-15 所示的对话框。

（3）选择工具箱中的文字工具 **T**，输入文字，最后的效果如图 8-16 所示。

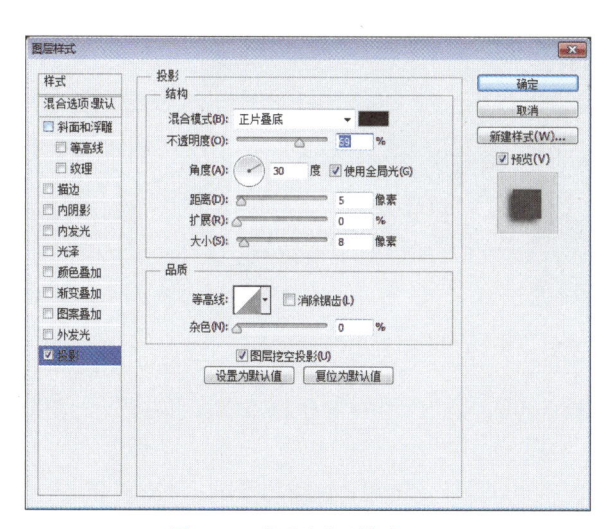

图 8-15　投影图层样式　　　　　　　　图 8-16　最后效果

## 8.6　Photoshop CC 相关知识

### 8.6.1　通道

1）通道的概念

在 Photoshop 中通道的作用是举足轻重的。通道主要用来保存图像的颜色信息，分为原色通道、Alpha 通道和专色通道三类。

（1）原色通道用来保存图像颜色数据，如 RGB 颜色模式的图像，它的颜色数据分别保存在红、绿、蓝通道中，这三个颜色通道合成一个 RGB 主通道，如图 8-17 所示。

图 8-17　RGB 颜色模式图像的通道

改变红、绿、蓝通道中任一通道的颜色数据，都会影响 RGB 主通道。图 8-18 所示为对原图的蓝通道用曲线命令调整后的效果。

图 8-18　蓝通道的颜色数据修改影响 RGB 主通道

（2）Alpha 通道是用户添加的通道。建立的选区作为蒙版保存到 Alpha 通道中，也可以通过 Alpha 通道的编辑来修改选区。

（3）专色通道在印刷时使用一种特殊的混和油墨替代或附加到图像的 CMYK 油墨中，是一种特殊用途的通道。

2）通道面板

执行"窗口→通道"命令可以显示通道面板，如图 8-19 所示。

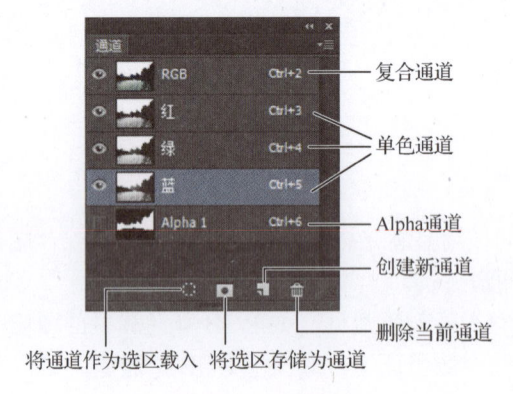

图 8-19　通道面板

## 8.6.2　蒙版

在 Photoshop 中处理图像时往往需要隐藏一部分图像使其不显示，蒙版就是这样的工具。蒙版可以遮盖处理图像中的一部分或全部。

在 Photoshop 中，蒙版分为快速蒙版（本书 4.5.1 节中已有介绍）、剪贴蒙版、矢量蒙版和图层蒙版。

1）属性面板

属性面板可以设置调整图层的参数，还可以对蒙版进行设置，创建蒙版以后，在属性面板中可以调整蒙版的浓度、羽化范围等，如图 8-20 所示。

项目8　图像合成的秘密

图 8-20　蒙版属性面板

2）剪贴蒙版

剪贴蒙版可以用一个图层中的图像来控制处于其上层的图像的显示范围，并且可以针对多个图像。

打开素材中的"剪贴蒙版.psd"文档，该文档有五个图层，包括一个背景图层、两个黑底图层和两个人物图层。创建剪贴蒙版把人物放入背景中的相框。

方法一：选择"人物 1"图层，执行"图层→创建剪贴蒙版"命令或按 Alt+Ctrl+G 组合键，可以将"人物 1"图层和"黑底 1"图层创建为一个剪贴蒙版组，创建剪贴蒙版组以后，"人物 1"图层就只显示"黑底 1"图层的区域。利用相同的方法为"人物 2"图层和"黑底 2"图层创建一个剪贴蒙版组，如图 8-21 所示。

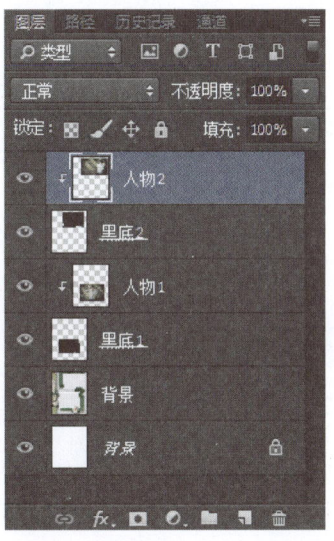

图 8-21　创建剪贴蒙版组及图层面板

方法二：在"人物 1"图层的名称上单击右键，再在弹出的菜单中选择"创建剪贴蒙版"命令，如图 8-22 所示，即可将"人物 1"图层和"黑底 1"图层创建为一个剪贴蒙版组。

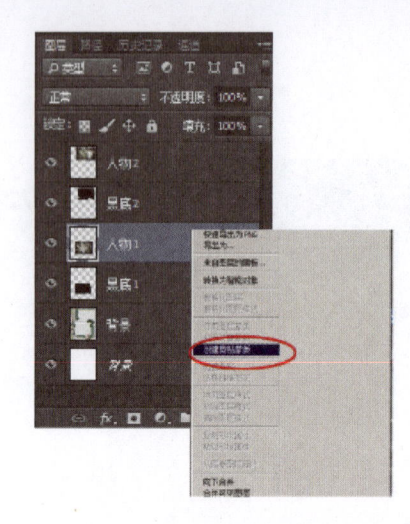

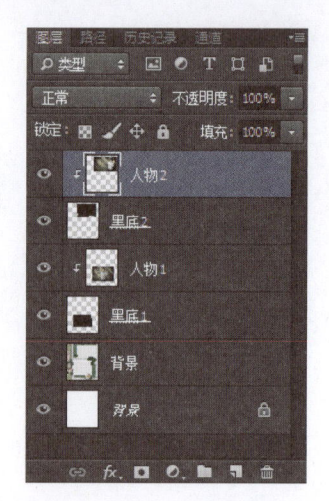

图 8-22　利用快捷菜单创建剪贴蒙版组

方法三：按住 Alt 键，将光标放在"人物 1"图层和"黑底 1"图层之间的分隔线上，等光标变成 ↓□ 形状时，单击左键，如图 8-23 所示。

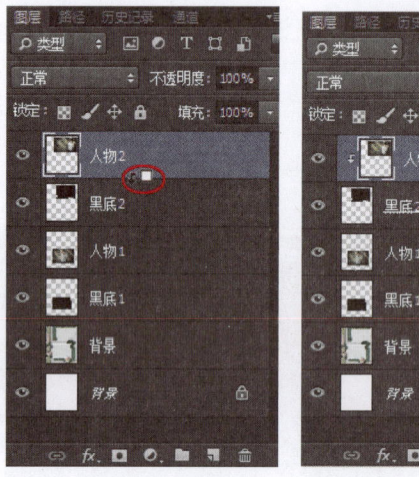

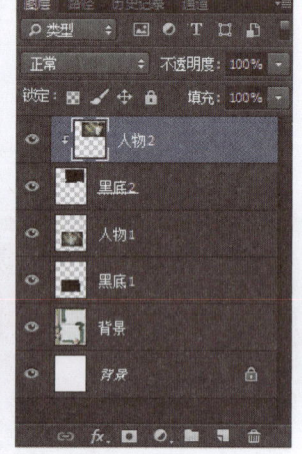

图 8-23　利用 Alt 键创建剪贴蒙版组

3）矢量蒙版

矢量蒙版是通过钢笔工具或形状工具创建出来的蒙版。矢量蒙版也是非破坏性的，在添加完之后还可以返回并编辑蒙版，并且不会丢失蒙版隐藏的像素。

打开素材中的"矢量蒙版.psd"文档，该文档包括两个图层，一个是背景图层，另一个是小孩图层。

选择"自定义形状工具" ，（在属性栏中选择"路径"模式），如图 8-24 所示。

图 8-24　自定义工具属性面板

在图像上绘制一个心形路径，如图 8-25 所示，执行"图层→矢量蒙版→当前路径"命令，就可以基于当前路径为图层创建一个矢量蒙版，如图 8-26 所示。

图 8-25　绘制心形路径　　　　　　　　　　图 8-26　创建矢量蒙版

在创建矢量蒙版以后，可以继续使用钢笔工具和直接选择工具在矢量蒙版中编辑或修改路径。

需要说明的是，在新版 Photoshop 自定义形状中，心形图形不在默认选项中，需要通过菜单栏的"窗口"找到里面的"形状"，并打开形状面板，在面板中的"旧版形状及其他"选项中可以找到心形。

4）图层蒙版

图层蒙版是所有蒙版中最重要的一种，也是实际应用最广泛的工具之一，它可以用来隐藏、合成图像等。在创建调整图层、填充图层及为智能对象添加智能滤镜时，系统会自动为图层添加一个图层蒙版。

打开素材中的"图层蒙版.psd"文档。该文档包含两个图层，即背景图层和"天空"图层，其中，"天空"图层有一个图层蒙版，并且图层蒙版为白色，所以此时文档窗口中将完全显示"天空"图层的内容，如图 8-27 所示。

如果要全部显示背景图层的内容，则可以首先选择"天空"图层的蒙版，然后用黑色填充，如图 8-28 所示；如果要用半透明的方式显示当前图像，则可以用灰色填充"天空"图层的蒙版，如图 8-29 所示。

图 8-27　添加白色蒙版　　　　　　　　　　图 8-28　添加黑色蒙版

在图层蒙版中除填充颜色外,还可以填充渐变,如图8-30所示;也可以使用不同的画笔工具来编辑蒙版,如图8-31所示。

图8-29　添加灰色蒙版

图8-30　添加白色到黑色渐变蒙版

创建图层蒙版的方式有多种,打开素材中的"创建图层蒙版.psd"文档,该文档包含两个图层,即背景图层和"小丑鱼"图层,利用图层蒙版的特性使小丑鱼的部分身体在海葵里,即隐藏小丑鱼的部分身体。

方法一:先选择"小丑鱼"图层,再在图层面板下单击"添加图层蒙版"按钮 ▢,如图8-32所示,为"小丑鱼"图层添加一个图层蒙版,如图8-33所示,设置前景色为黑色,选择画笔工具 ✎,在图层蒙版上涂抹出背景图层海葵和小丑鱼相交的部分,若黑色涂抹超过需要的范围,则设置前景色为白色即可修复,如图8-34所示,最后的效果如图8-35所示。

图8-31　用画笔工具编辑过的蒙版效果

方法二:先用快速选择工具 ✎ 在背景图层上选中部分海葵,如图8-36所示。

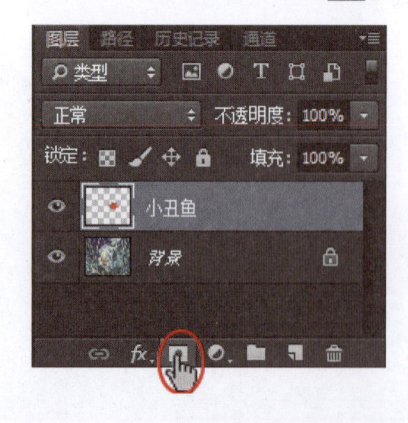

图8-32　单击"添加图层蒙版"按钮

图8-33　添加图层蒙版

图 8-34　用黑色画笔工具修改图层蒙版　　　　　图 8-35　最后的效果

图 8-36　建立选区

然后执行"选择→反选"命令，在图层面板中选择"小丑鱼"图层，在图层面板下方单击"添加图层蒙版"按钮，如图 8-37 所示，最后的效果如图 8-38 所示。

图 8-37　反选后建立图层蒙版　　　　　图 8-38　最后的效果

## 思考与练习 8

选择自己的一张相片，利用图层蒙版，为自己变脸。

# 项目 9

## 图像的批处理

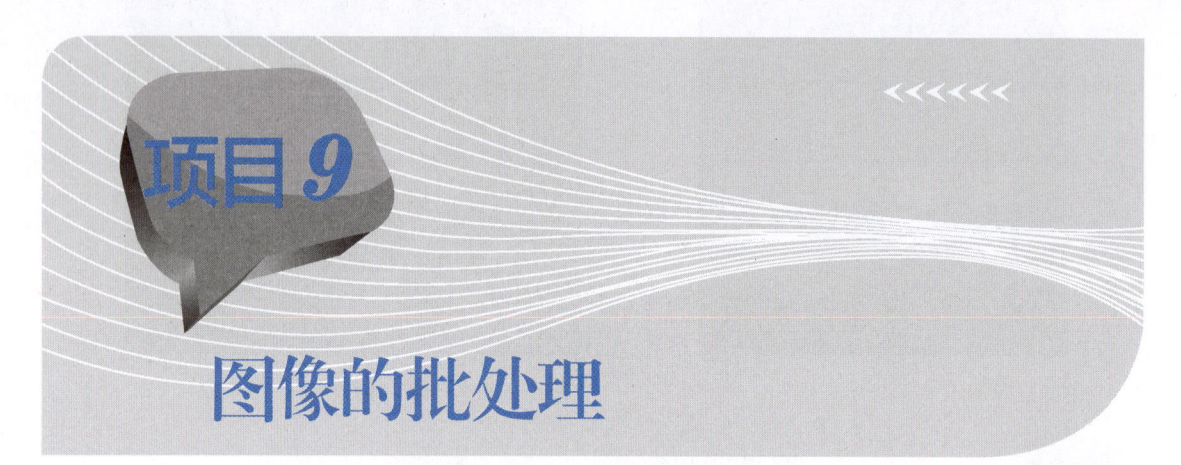

图像的批处理

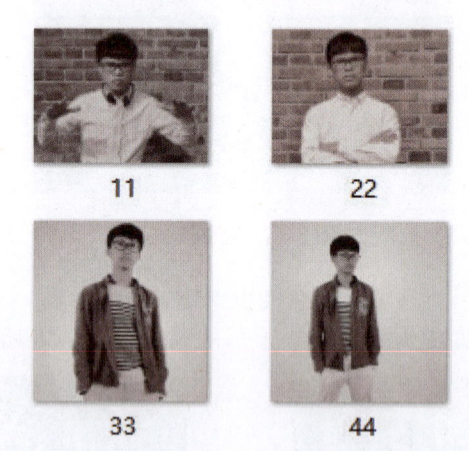

　　为一张图像添加棕褐色色调，并把一系列动作录制在动作面板中；使用批处理，把该动作使用在一批图像上为它们添加棕褐色色调效果，并能自动保存。

### ➡ 能力目标

- 掌握动作面板的基本操作，如新建组、动作及开始录制和结束录制。
- 掌握修改图像大小的方法。
- 掌握动作批处理的使用。
- 掌握批处理时的参数设置及保存。

## 9.1 动作录制

（1）打开一张素材，执行"窗口→动作"命令，打开动作面板，如图 9-1 所示。

（2）在动作面板中单击"创建组"按钮，创建一个新组，并将其命名为"棕褐色调"，如图 9-2 所示。

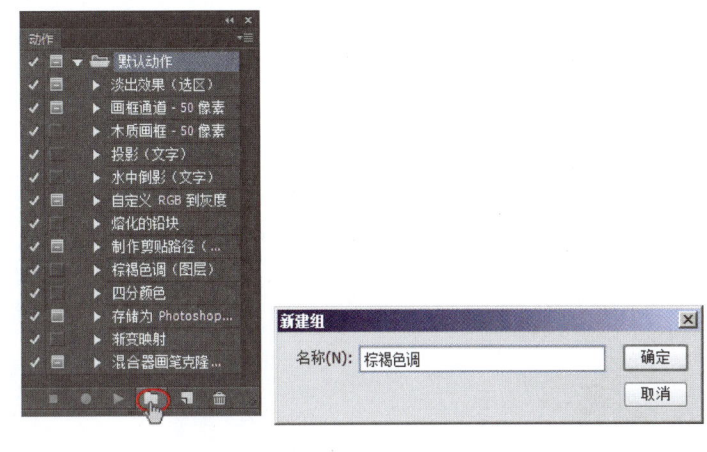

图 9-1　动作面板　　　　　　　　图 9-2　创建组并命名

（3）在动作面板中单击"创建动作"按钮，即可在新建的"棕褐色调"组下创建一个新动作，并将其命名为"完整动作"，如图 9-3 所示。

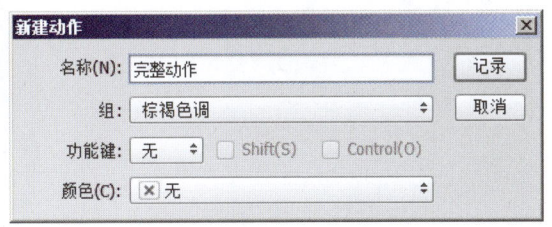

图 9-3　创建动作并命名

（4）单击动作面板上的"录制"按钮，开始录制动作，"录制"按钮呈红色。

（5）对打开的素材执行"图像→图像大小"命令，把图像的分辨率改为 72 像素/英寸，如图 9-4 所示（本步骤的目的是把图像变小，如果本来的图像就不大，可以省去此步骤）。

（6）执行"图像→调整→去色"命令，如图 9-5 所示。此时，动作面板上的记录如图 9-6 所示。

图 9-4　图像大小对话框

图 9-5　去色后的效果

图 9-6　动作面板上的记录

（7）继续对该图像执行"图层→新建调整图层→色相/饱和度"命令，打开新调整图层属性面板，在该面板中选择"着色"，并且降低饱和度，参数设置如图 9-7 所示。此时动作面板的记录如图 9-8 所示。

图 9-7　色相/饱和度设置

图 9-8　动作面板的记录

（8）调色完成后执行"文件→存储为"命令，对图像进行保存，选择保存的文件类型为"JPEG"格式，如图 9-9 所示，在该面板中单击"保存"按钮，在弹出的"JPEG 选项"对话框中设定文件的品质等级,如图 9-10 所示,单击"确定"按钮完成对图像的保存。

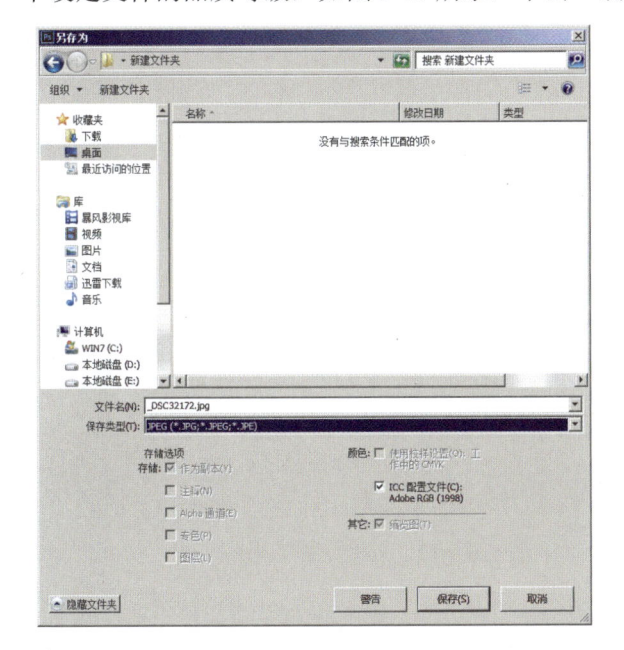

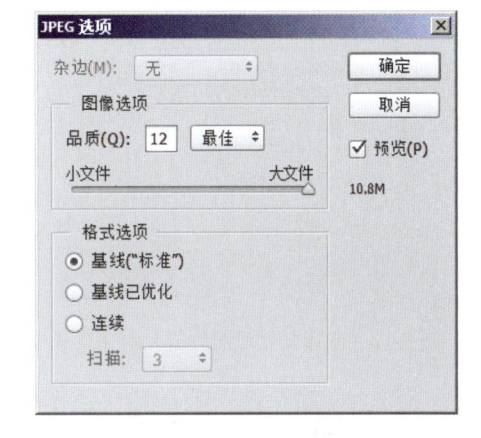

图 9-9　存储对话框　　　　　　　　　　　图 9-10　设定文件的品质等级

(9) 在动作面板单击"停止播放/记录"按钮■,停止"完整动作"的录制。

## 9.2　动作的批处理

(1) 执行"文件→自动→批处理"命令,打开批处理对话框,如图 9-11 所示。

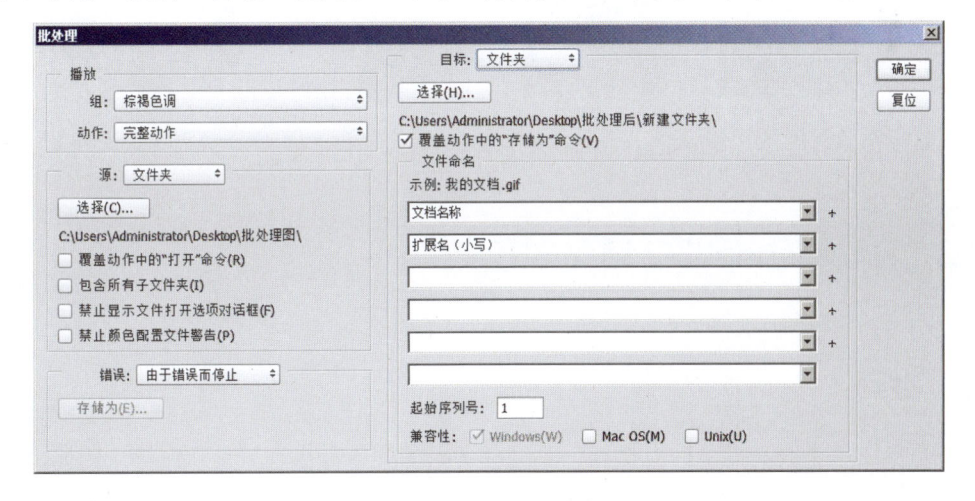

图 9-11　批处理对话框

在"播放"选项组下选择录制的"棕褐色调"动作,并设置"源"为"文件夹",单击下面的"选择"按钮 选择(C)... ,在弹出的对话框中选择要处理图片所在的文件夹,如图 9-12 所示。

设置"目标"为"文件夹",单击下面的"选择"按钮 选择(C)... ,设置好文件的保存路径,勾选"覆盖动作中的'存储为'命令"选项,如图 9-13 所示。

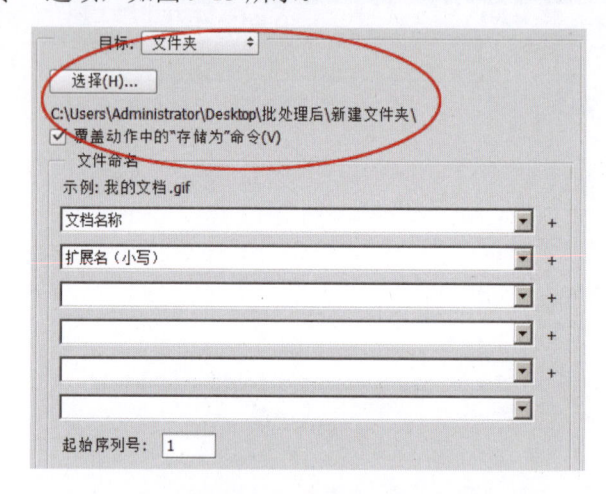

图 9-12　选择要处理图片所在的文件夹　　　　图 9-13　文件的保存路径

(2)在"批处理"对话框中单击"确定"按钮,Photoshop 会自动处理源文件夹中的图像,并将其保存到设置好的目标文件夹中。处理前与处理后的图像对比效果如图 9-14 所示。

图 9-14　处理前与处理后的图像对比效果

## 9.3　Photoshop CC 相关知识

### 9.3.1　动作

动作是指在单个或一批文件上执行一系列任务,如菜单命令、工具动作等。例如,首先可以创建一个加入水印的动作,然后对其他图像应用这个动作。

在 Photoshop 中,动作是快捷批处理的基础。动作自动化可以节省很多操作时间,并确保多种操作结果的一致性。

Photoshop 自带一些动作可以执行常见任务,可以使用自带的动作,也可以根据需要自己录制动作,如前面的例子。

## 9.3.2 认识动作面板

动作面板主要用来记录、播放、编辑和删除各个动作。执行"窗口→动作"命令，可以打开动作面板，如图 9-15 所示。

（1）切换对话开/关。如果命令前显示该图标，则表示动作执行到这里会暂停，并打开对应的对话框，修改命令参数，单击"确定"按钮可以继续执行后面的动作；如果动作组和动作前出现该图标，并显示为红色，则表示该动作中有部分命令设置了暂停。

（2）切换项目开/关。如果动作组/动作/命令前都显示该图标，代表该动作组/动作/命令可以被执行；如果没有该图标，代表该动作组/动作/命令不可以被执行。

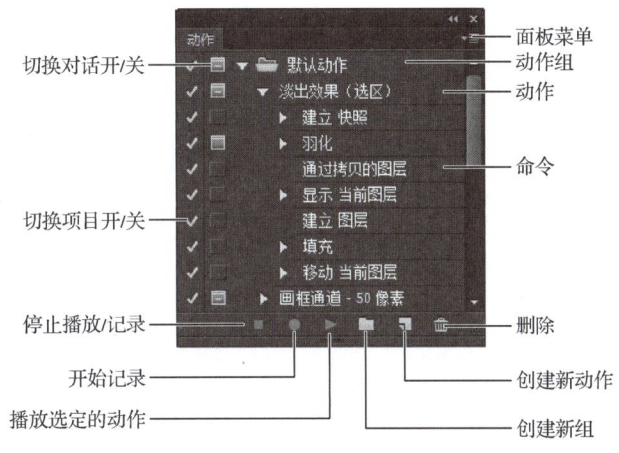

图 9-15 动作面板详解

（3）动作组/动作/命令。动作组是一系列动作的集合，动作是一系列命令的集合。
（4）停止播放/记录。该按钮可以用来停止播放动作和停止记录动作。
（5）开始记录。单击该按钮可以录制动作。
（6）播放选定的动作。选定一个动作后，单击该按钮可以播放该动作。
（7）创建新组。单击该按钮可以创建一个新的组，用来保存新建的动作。
（8）创建新动作。单击该按钮可以创建一个新的动作。
（9）删除。单击该按钮可以将选择的动作组/动作/命令删除。
（10）面板菜单。单击该按钮可以打开动作面板的菜单。

### 思考与练习 9

录制一个动作为图像添加边框，并使用批处理为一组图像加上边框，如下图所示。

# 综合篇

# 项目 10 诗画绍兴海报

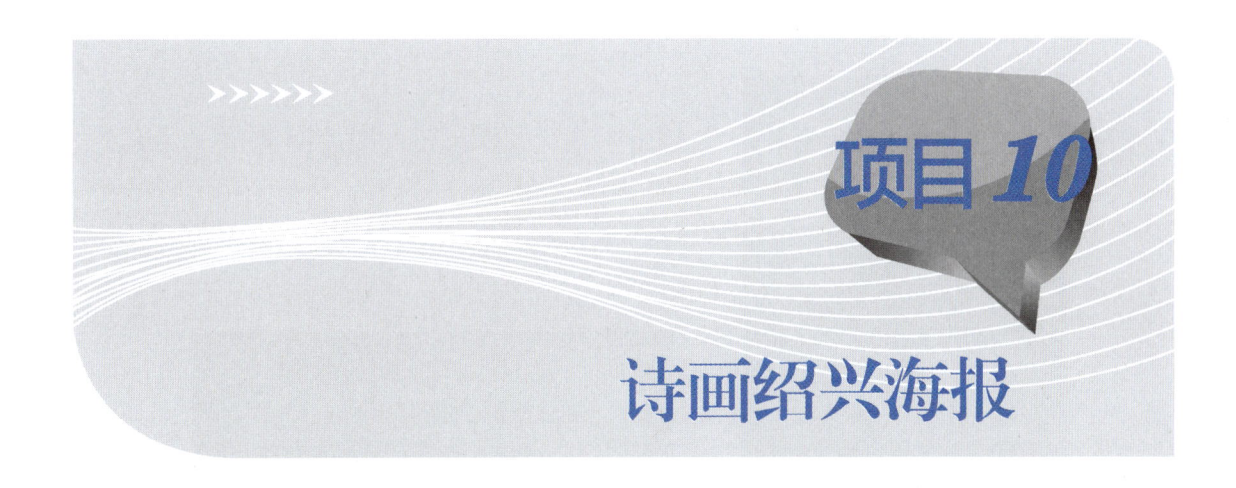

本海报设计主要体现绍兴对传统文化元素的融合，在设计海报时运用多方面、多层次的主题元素，体现绍兴传统深厚的文化底蕴。海报以复古、做旧为主，以汉字"绍兴印象"作为背景衬托海报主题，让主题更加明确，以鲁迅、粮票、古镇作为主要设计元素。

## 10.1 背景的绘制

（1）执行"文件→新建"命令新建画布，选择 A4 大小，设置分辨率为 300，填充颜色"#c8d15f"，将文件命名为"绍兴印象"。

（2）新建图层，使用矩形选框工具 建立选区，如图 10-1 所示，按 Alt+Delete 组合键填充前景色"#a2dc5b"，按 Ctrl+D 组合键取消选区。

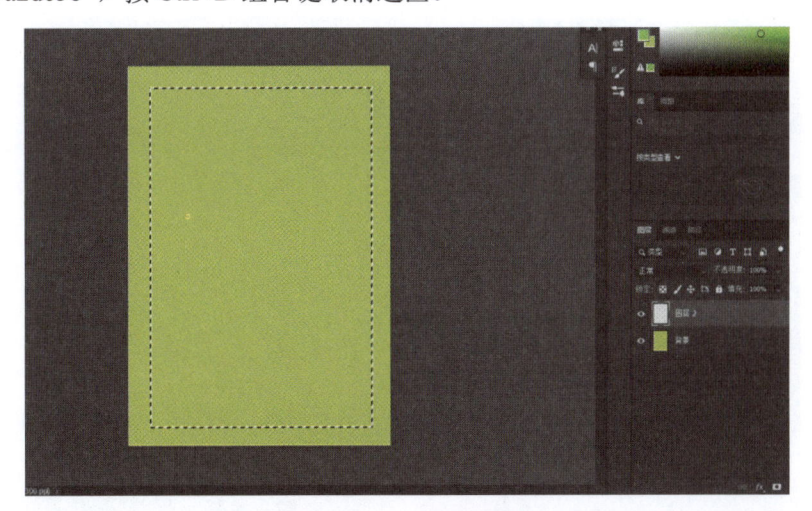

图 10-1 建立矩形选区

（3）为该图层添加图层蒙版，使用画笔工具 ，执行"窗口→画笔设置"命令，打开画笔设置面板，选择"kyle 拖曳混和灰色"，如图 10-2 所示，在图层蒙版进行涂抹，使矩形边缘出现随机效果，如图 10-3 所示。

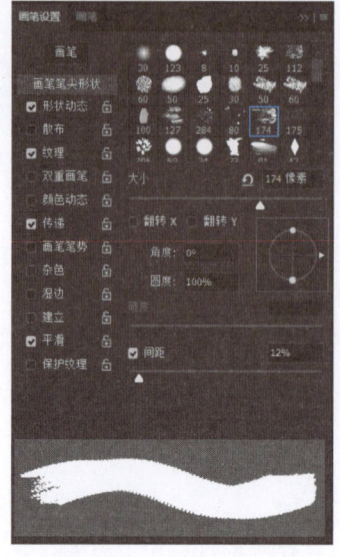

图 10-2　kyle 画笔选项

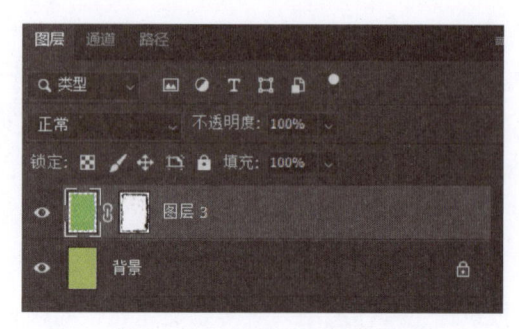

图 10-3　添加图层蒙版的效果

## 10.2　素材的导入

（1）执行"文件→打开"命令打开素材"鲁迅.psd"文件，把该素材拖动到"绍兴印象"文件中。

（2）添加图层蒙版，选择画笔工具，打开"画笔设置"面板，选择"kyle 雨滴散步"，如图 10-4 所示，在图层蒙版使用该画笔涂抹周围，做出做旧效果，如图 10-5 所示，按 Ctrl+E 组合键将该图层和 10.1 中第（3）步所绘制的图层合并，并命名为"鲁迅"。

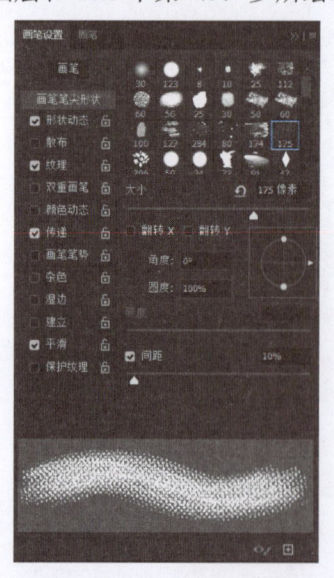

图 10-4　kyle 雨滴散步选项

图 10-5　边缘涂抹后的效果

（3）新建图层，选择矩形选框工具▭建立选区，填充颜色"#4f6b2d"，按 Ctrl+D 组合键取消选区，如图 10-6 所示，按 Ctrl+T 组合键，在属性栏设置旋转角度为 15 度，如图 10-7 所示，并按 Enter 键确认。按 Ctrl+Shift+Alt+T 组合键进行旋转复制，得到如图 10-8 所示的图形。

图 10-6　建立矩形选区

图 10-7　设置旋转角度

（4）在图层面板选中所有复制出的条形矩形图层，按 Ctrl+E 组合键合并图层。

（5）在该图层执行"滤镜→扭曲→旋转扭置"命令，设置角度为"20"，执行滤镜后的效果如图 10-9 所示。

（6）继续为该图层添加图层蒙版，使用画笔工具🖌，打开"画笔设置"，选择"kyle 拖曳混和灰色"画笔涂抹周围（可适当修改画笔大小及画笔间距），使其产生做旧效果，如图 10-10 所示。

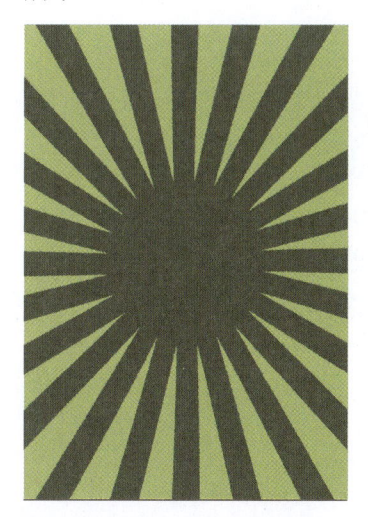

图 10-8　旋转滤镜效果　　　图 10-9　旋转滤镜效果　　　图 10-10　添加图层蒙版涂抹后的效果

（7）调整图层顺序，将图层放置在"鲁迅"图层的下层，如图10-11所示。

图10-11　调整图层顺序

（8）使用文字工具 T ，在属性栏设置字体为"方正字迹→新手书"，输入"绍兴印象"，复制文字图层并进行排版，如图10-12所示，然后把文字图层放置在"鲁迅"图层的下方，如图10-13所示。

图10-12　添加文字效果　　　　图10-13　调整图层后的图层面板

（9）新建一个A4文件，用椭圆选框工具建立圆形选区，设置前景色为黑色，新建图层并按Alt+Delete组合键进行填充，按Ctrl+D组合键取消选区，效果如图10-14所示。

图 10-14 绘制黑色圆形

（10）选择移动工具，把图形拖动到画布的左侧位置，并按 Ctrl+T 组合键调整大小，按 Ctrl+J 组合键复制一个图层，再按 Ctrl+T 组合键调整大小，然后按住 Shift 键水平向左移动圆形，按 Enter 键确认后，多次按 Ctrl+Shift+Alt+T 组合键进行智能复制（用这种方法复制出来的圆间距都相同），效果如图 10-15 所示。

图 10-15 重复复制黑色圆形

（11）重复以上步骤得到邮票的另外三个边缘，按 Ctrl+E 组合键拼合所有圆形图层，如图 10-16 所示。

图 10-16　邮票边缘效果

（12）把做好的海报放入其中得到一个邮票效果的海报，如图 10-17 所示。

图 10-17　加入海报后的效果

（13）使用文字工具，设置字体为"微软雅黑"，输入"绍兴印象"，设置字体为"Arial"，输入"shaoxingyinxiang"，设置字体为"Segoe Script"，输入"mei li"，排列文字，最后效果如图 10-18 所示。

用相同的方法，将另外两张也做成风格相同的海报，如图 10-19 所示。

图 10-18 海报的最后效果

图 10-19 系列海报效果

# 项目 11 建党 100 周年网页界面设计

本项目是关于"建党 100 周年"的网页界面设计，根据需求，在首页上需要有导航区、要闻要论、专题专栏、党建简史等板块。

## 11.1 网站版式设计

在本例中选择使用骨骼型板式。

网站首页所固有的模块有以下几部分：

A：导航区域 1

B：展示区域

C：导航区域 2

D：内容区域（首页主要内容）

E：版权信息区域

这几部分内容都要在本次设计中体现出来，先在 Photoshop 中用灰度色块对不同版块做一个大致区分。

（1）创建一个新的文档，宽度为 1366 像素，高度为 768 像素，分辨率为 72dpi，文件名称为"党建板块"，内容为灰色"#e5e5e5"，颜色模式为 RGB 颜色。

（2）执行"视图→新建参考线"命令，创建网页第一屏的区域参考线，如图 11-1 所示。

（3）选择矩形选框工具，在顶部画出 1366 像素×84 像素的矩形区域，并填充比背景更深的灰色"#c0c0c0"，该区域作为导航条区域，如图 11-2 所示。

（4）用相同的方式，绘制出主页上的不同模块，并填充不同的灰色，如图 11-3 所示，从而完成网站首页的版式设计，并进行保存。

图 11-1 创建网页第一屏参考线

图 11-2 LOGO 区域和导航条区域

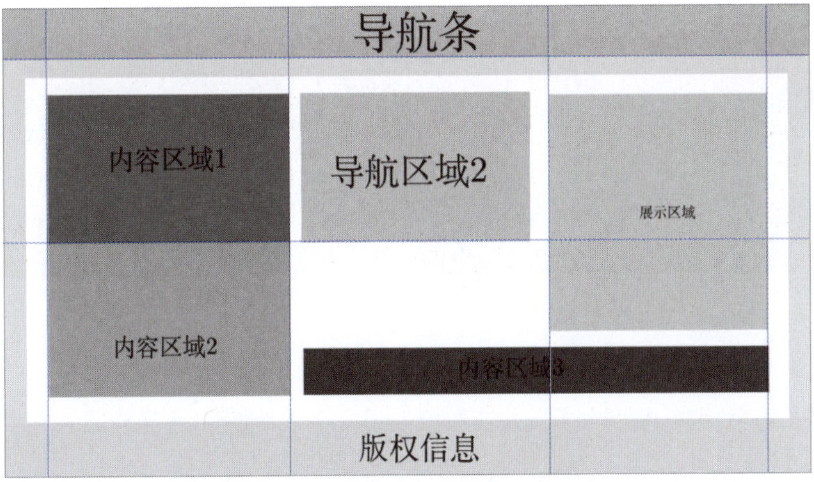

图 11-3 不同板块用不同灰度填充

## 11.2 首页界面内容设计

（1）执行"文件→新建"命令，新建新的文档，宽度为 1366 像素，高度为 768 像素，分辨率为 300dpi，文件名称为"党建"，内容为白色，颜色模式为 RGB 颜色。

（2）执行"文件→打开"命令，将文件"背景.jpg"打开，并将该图层重命名为"底色"，为该图层建立图层蒙版，利用"前景色到背景色渐变"，按住 Shift 键从上往下拉制，做出如图 11-4 所示的网页背景图效果。

图 11-4　网页背景图效果

（3）在图层面板新建一个组，并将其命名为"导航条"，在该组下新建图层，并将其命名为"导航条底色"。使用矩形选框工具拖出 1366 像素×70 像素的长方形选区，并填充为红色"#ff000b"，按 Ctrl+D 键取消选区，如图 11-5 所示。

图 11-5　导航条背景填充

（4）打开素材中的"图标 1.jpg"，利用魔棒工具选取小房子图标，按 Ctrl+C 键复制，在"导航条"组中按 Ctrl+V 键粘贴小房子，并在右侧使用文字工具 T，选择合适的文字大小，输入"首页"，如图 11-6 所示。

图 11-6　导航条信息输入

（5）使用同样的方法将素材文件"图标 1.jpg"中的对话框和笔及"图标 2.jpg"中的图标放入导航条，并输入相应的文字（"关于我们"的字体颜色和导航条底色相同），创建一个新图层，并将其命名为"选中底色"，使用矩形选框工具，拖出 100 像素×50 像素的长方形选区，填充为白色，如图 11-7 和图 11-8 所示。

图 11-7　文字输入后的效果

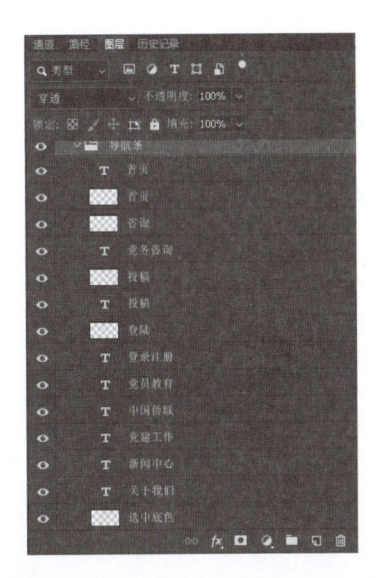

图 11-8　导航条设置完成后的图层面板

（6）在"导航条"组上方新建"间隔线"组，使用直线工具，在属性栏设置绘制为"形状"、粗细为"1 像素"，不选择填充，设置描边颜色为"#d8040d"、粗细为"0.5 像素"，选择描边选项为"蚂蚁线"，如图 11-9 所示，按住 Shift 键绘制一条直线，栅格化图层，复制 6 个间隔线图层并进行排列，效果如图 11-10 所示。

图 11-9　间隔线属性设置　　　　图 11-10　间隔线加入后的效果

（7）在图层面板中新建"主体"组，在该组下方创建新的图层，并命名为"底色"，使用矩形选框工具，拖出 1327 像素×566 像素的长方形选区，并填充为白色，如图 11-11 所示。

图 11-11　填充白色底色效果

（8）在"主体"组中新建组，并命名为"展示区"，将素材文件中的"展示图片.jpg"拖入，并缩放至合适大小放在合适位置，在图片下方合适位置使用文字工具 T，并选择合适字体大小输入文字。在"展示区"组下方新建"小方块组"，设置前景色为灰色"#cfcece"#，使用矩形工具 ▭，在属性设置栏设置绘制为"像素"，绘制 7 个 11 像素×11 像素的小方块，设置其中一个小方块的颜色为暗红色"#ba0100"（选中的效果），效果如图 11-12 所示，图层面板如图 11-13 所示。

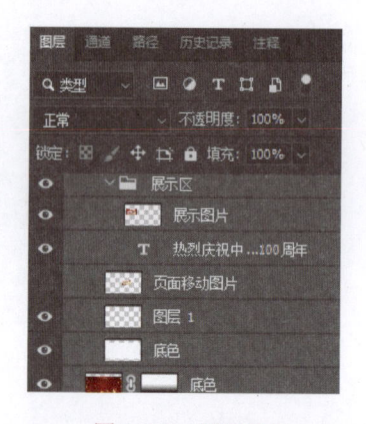

图 11-12　展示区的效果　　　　　　　　图 11-13　图层面板

（9）在"主体"组内新建一组，并命名为"导航区域"，将前景色设置为粉色"#fd4747"，使用圆角矩形工具 ▢，在属性设置栏中设置绘制为"像素"，半径为 10 像素，创建一个"圆角矩形"图层，如图 11-14 所示。新建一个图层为"图标"，打开素材文件中的"要闻要论.jpg"，用魔棒工具将图标选中并拖入图标图层，将该图标修改为白色，放在"圆角矩形"图层上方，合并图层命名为"要闻要论"。

图 11-14　圆角矩形工具参数设置

（10）在"要闻要论"图标右侧使用文字工具 T，输入"要闻要论"，字体为黑体，字号为 25，加粗，颜色为"#ff0000"。在右侧使用直线工具，按 Shift 键创建一条深灰色"#b7b7b7"直线，粗细为 2，在这条直线上方再创建一条浅灰色"#eaeaea"直线，粗细为 1，如图 11-15 所示。

图 11-15　要闻要论栏目效果

（11）新建"边框"图层，在"要闻要论"下方使用矩形选框工具，拖出一个 415 像素×250 像素的矩形，执行"编辑→描边"命令，宽度为 1 像素，填充颜色为"#a8a8a8"如图 11-16 所示，按 Ctrl+D 键取消选择。要闻要论栏目的最后效果如图 11-17 所示。

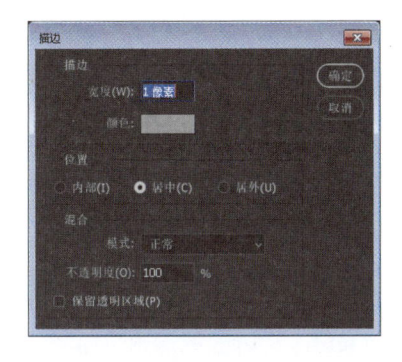

图 11-16　描边对话框　　　　　图 11-17　要闻要论栏目的最后效果

（12）在"导航区域组"内新建"消息小圆点"组，使用椭圆选区工具，绘制大小相同的 7 个圆，填充颜色为"#cfcece"，在对应的圆右侧输入文字，并选一段将字体颜色设置为"#bf0000"，效果如图 11-18 所示。

图 11-18　导航区域效果

（13）新建"内容区域"组，在该组下方建立"内容区 1"组，打开素材文件中的"书.jpg"，使用同第（9）、（10）步一样的操作制作"专题专栏"。

（14）新建"边框"图层，在专题专栏下方使用矩形选框工具，拖出一个 405 像素×310 像素的矩形，执行"编辑→描边"命令，宽度为 1 像素，填充颜色为"#a8a8a8"，按 Ctrl+D 键取消选择。

(15）导入素材文件"专题图1.jpg""专题图2.jpg""专题图3.jpg""专题图4.jpg"，缩放图片至合适大小，并放在边框合适位置，在图片下方使用文字工具 T ，输入对应的图片文字。

在下方输入专题，设置字体颜色为灰色"#ababab"，右侧放置"分享.jpg"图标。效果如图11-19所示。

图11-19  专题专栏效果

（16）在"内容区域"组下方建立"内容区2"组。新建"文字底色"图层，使用矩形选框工具 ，拖出 422 像素×95 像素的矩形，填充颜色为"#ffefef"，左边区域输入"学习"，设置字体为"yuweijmfx"，字号为 60，颜色为"#e40707"，输入相应的文字，上方文字颜色为"#ff0000"，下方文字颜色为"#ff6060"，效果如图 11-20 所示。

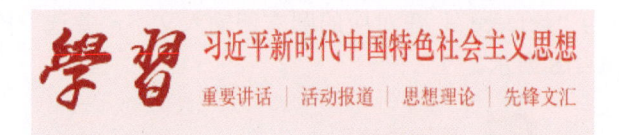

图11-20  内容区部分效果

（17）继续在下方新建"文字底色"图层，首先使用矩形选框工具 ，拖出 128 像素×36 像素的矩形，填充颜色为"#ffd5d5"，打开路径面板，利用"从选区建立路径"命令，如图 11-21 所示，在工具箱中选择画笔工具，利用画笔描边路径建立黑色蚂蚁线，修改画笔，大小为 1 像素，硬度为 100%，间距为 300%，如图 11-22 所示。然后单击路径面板的"用画笔描边路径"按钮，如图 11-23 所示。用此方法再画两个长方形，并输入相应文字。

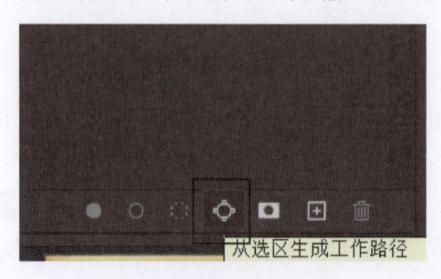

图11-21  选区转为路径

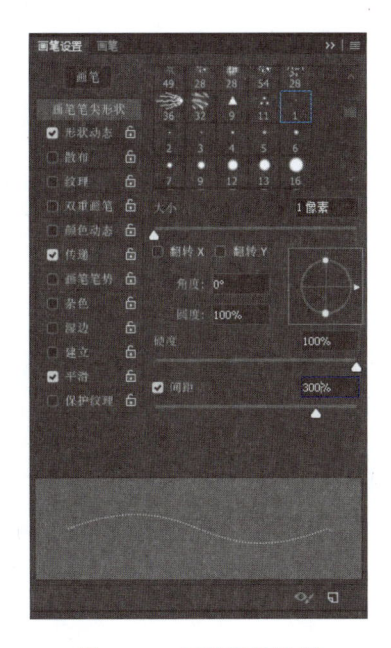

图 11-22  画笔属性设置　　　　　图 11-23  画笔描边路径

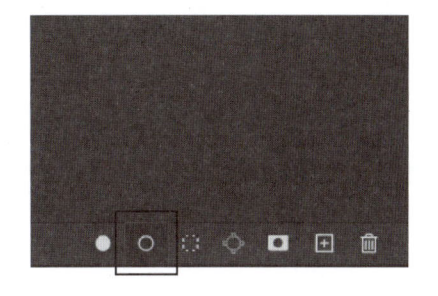

（18）在大长方形上方使用直线工具绘制一条分界线，在属性栏中设置绘制为"形状"，颜色为深灰色"#989797"，选择蚂蚁线，按住 Shift 键绘制长度为 420 像素的线。如图 11-24 所示。

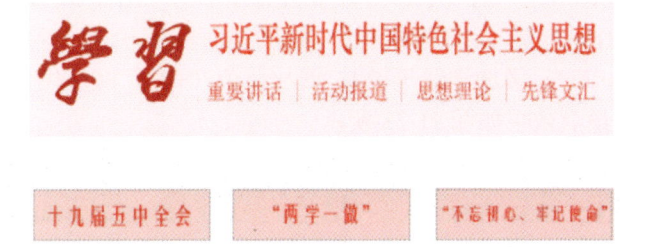

图 11-24  内容区最终效果

（19）在"内容区域"组下方建立"党建"组，打开素材文件中的"浏览器.jpg"，使用同第（9）、（10）步一样的操作制作"党建简史"上部分。

（20）使用直线工具，绘制一条分界线，设置粗细为 2 像素，设置颜色为灰色"#d6d6d6"，在线条的尾部使用钢笔工具绘制一个三角形，填充为灰色"#d6d6d6"，如图 11-25 所示。

图 11-25  直接加箭头效果

（21）将素材文件中的"党建 1.jpg""党建 2.jpg""党建 3.jpg""党建 4.jpg"调整大小，并按次序放入相应位置。

（22）新建"左箭头"图层，使用矩形工具，在"党建 1.jpg"左侧绘制一个大小为 32 像素×47 像素的黑色矩形，在矩形中使用直线工具绘制白色箭头，效果如图 11-26 所示，此时

147

的图层面板如图11-27所示。

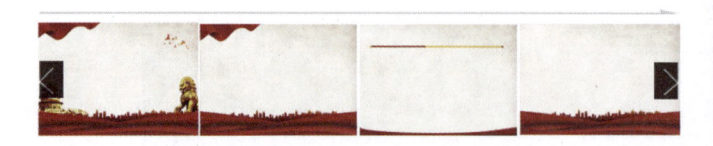

图11-26　党建简史效果

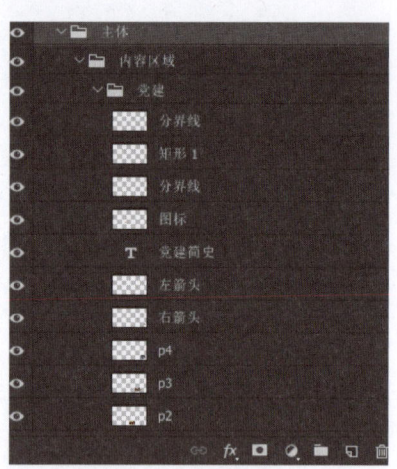

图11-27　图层面板部分效果

（23）新建"版权信息"组，在该组下方新建"底色"图层，使用矩形工具，在属性设置栏中设置绘制为"像素"，设置前景色为暗红色"#d8010a"，绘制一个1366像素×73像素的矩形。

（24）新建"分割线"图层，使用矩形工具，在属性设置栏中设置绘制为"像素"，设置前景色为土黄色"#e3d00c"，绘制一个1366像素×8像素的矩形。

（25）在图层面板新建"版权信息"组，并在该组内输入版权信息，在组内新建"线"组，绘制四条颜色为灰色"#c4c4c4"的线条，打开素材文件中的"图标3""图标4"，缩放至合适大小，放入版权信息中合适位置，完成版权制作，在图层面板下方选择新建图层——可选颜色，选择红色，增加青色（+23），增加洋红（+2），增加黄色（+4），减少黑色（−2），使首页效果整体色调统一，设计的最后效果如图11-28所示。

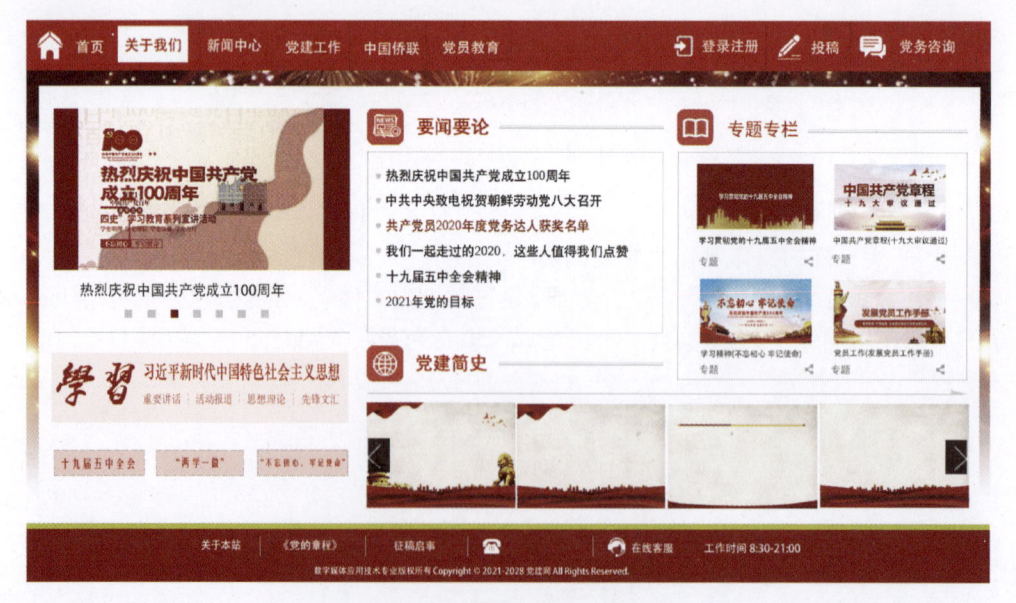

图11-28　设计的最后效果

# 项目 12  手机 App 界面设计

本项目内容是设计"绍兴一日游"手机 App 界面，从 App 图标的设计与绘制、启动页面、首页、登录页面等的布局进行详细讲解，内容适合平面设计等相关专业。

## 12.1 手机 App 界面风格

目前手机界面的风格主要有两大趋势：拟物化和扁平化。

拟物化就是软件界面模仿现实世界中的实物纹理，使得用户看第一眼就能直观了解各个图标的作用。在用户使用智能手机的早期，需要软件去引导人们使用智能界面的习惯，因此拟物化设计越逼真、越形象就越能引导用户。

扁平化概念的核心思想是去除冗余、厚重和繁杂的装饰效果，辅以明亮、柔和的色彩，配上粗重醒目、风格复古的字体，从而让"信息"本身重新作为核心被凸显出来，同时在设计元素上，强调了抽象、极简和符号化。

## 12.2 手机 App 图标设计

本项目中选择扁平化设计风格。

### 12.2.1 图标外框绘制

（1）执行"文件→新建"命令，新建尺寸为 3125 像素×5571 像素、分辨率为 300 像素/英寸的文档，填充为"白色"，文件名为"logo"。选择圆角矩形工具，在属性栏中设置建立为"路径"，设置大小为"固定大小"，尺寸为 1176 像素×1176 像素，圆角半径为"150 像素"，如图 12-1 所示，在画布上绘制一个圆角正方形的路径，按 Ctrl+Enter 键把路径转换为选区。

(2)新建图层,并命名为"黑底",选择填充工具,填充颜色为"#000000",如图 12-2 所示,按 Ctrl+D 键取消选区。

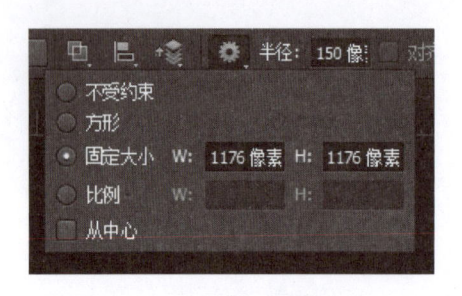

图 12-1　圆角矩形大小设置

图 12-2　填充后的圆角矩形 1

(3)新建"黑底"的剪切图层蒙版,并命名"渐变",选择渐变工具,设置渐变颜色为 #83dee0 到#7becbb 的渐变,在选取框上由上到下拉出渐变填充刚才建立的选区,如图 12-3 所示,填充后的效果如图 12-4 所示。

图 12-3　渐变填充方向

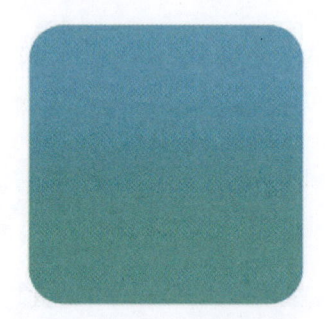

图 12-4　填充后的圆角矩形 2

## 12.2.2　加入文字元素

(1)新建"绍"图层,用文字工具输入"绍"字,更改字体为"华文行楷",设置颜色为"#ffffff",设置大小为 251 点,如图 12-5 所示,放置位置如图 12-6 所示。

图 12-5　文字属性设置

图 12-6　"绍"字的放置位置

(2)右击"绍"图层,首先选择栅格化,其次选择多边形套索工具,绘制封闭选区,如图 12-7 所示,删除选区内容,再次随机选取区域并移动调整位置,最后的效果如图 12-8 所示。

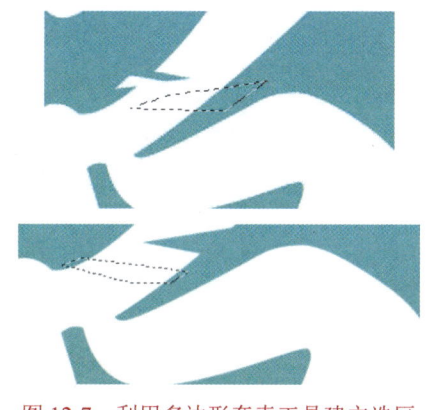

图12-7 利用多边形套索工具建立选区 　　　　图12-8 各选区移动后的效果

(3) 选择钢笔工具，在属性栏中确认绘制的是"路径"，如图12-9所示。

图12-9 钢笔工具属性栏

首先在"绍"图层利用钢笔工具绘制如图12-10所示的路径，按Ctrl+Enter键把路径转换为选区，并按Delete键删除该选区，如图12-11所示，然后执行"选择→取消选择"命令或按Ctrl+D键取消选区。

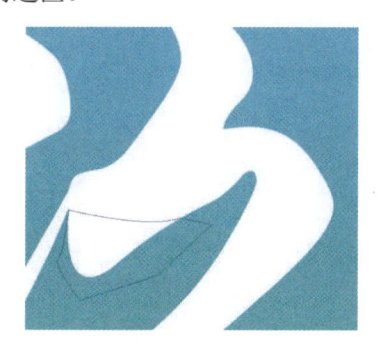

图12-10 利用钢笔工具绘制路径 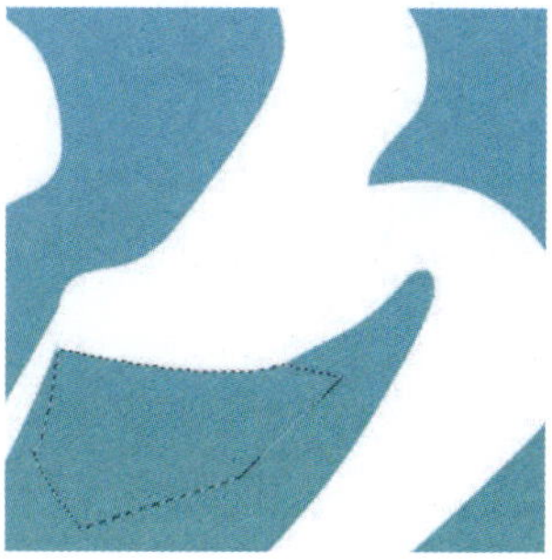　　　　图12-11 删除选区

(4) 同理，绘制路径，并将其转换为选区，如图12-12和图12-13所示，删除该选区，这两步操作主要是为了能在"绍"字的右侧勾勒出船桨的弧度。

图12-12 利用钢笔工具绘制路径 　　　　图12-13 利用钢笔工具绘制路径

(5) 将钢笔工具属性栏中的"路径"改为"形状"，填充颜色为白色，如图12-14所示。绘制形状，如图12-15所示，之后将该形状图层向下合并。这一步的目的是使船桨的效果更加明显。

（6）对"绍"图层添加图层蒙版，选择画笔工具，设置前景色为黑色，设置画笔的不透明度及流量，在图层蒙版上进行适当涂抹，效果如图12-16所示。

图12-14　钢笔工具属性栏

图12-15　钢笔工具绘制路径图

（7）为了增加"绍"图层的立体效果，在该图层执行"图层→图层样式→投影"命令，参数设置如图12-17所示，为该图层添加投影图层样式效果，从而完成绍兴游App的图标设计，执行"文件→存储"命令对文件进行保存，图标效果如图12-18所示，最后的图层面板如图12-19所示。

图12-16　涂抹后的效果

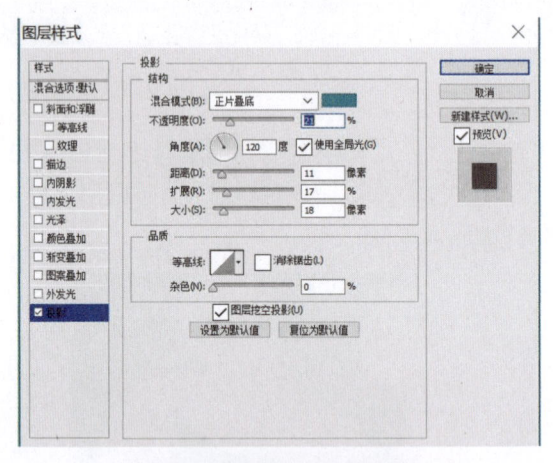

图12-17　投影图层样式参数设置

图12-18　添加图层样式后的效果

图12-19　图层面板

## 12.3　登录页面设计

（1）执行"文件→新建"命令，新建文档，并命名为"登录页面"，设置文件宽度为"750

项目12　手机App界面设计

像素"、高度为"1334像素"、分辨率为"300像素/英寸"、颜色模式为"RGB颜色"、背景内容为"白色"。

（2）在图层面板新建"底色"图层，选择渐变工具，设置颜色为从#83dde4 到#05d878 的线性渐变，在新建的文件背景图层上拉出从上到下的渐变，如图12-20所示。

（3）建立参考线，在图层面板新建组，并将其命名为"状态栏"，在该组下新建图层，用钢笔工具及椭圆工具绘制状态信息，并输入文字。

（4）使用文字工具在状态栏下方输入"我要逛逛""我要注册"文字，并调整位置在第一条参考线和第二条参考线之间，如图12-21所示。

图12-20　登录页面背景色填充　　　图12-21　加入状态栏后的效果

（5）在图层面板新建组，并将其命名为"登录"，在该组新建一个图层，并将其命名为"黑色形状"，在该图层内绘制正圆图形；打开素材中的"小花.jpg"文件，把该图像复制到"黑色形状"图层上方，并把这两个图层建立为剪贴图层蒙版（按Alt键后在这两个图层中间单击左键即可），如图12-22所示。图层面板如图12-23所示。

图12-22　创建剪贴图层蒙版效果　　　图12-23　创建剪贴图层蒙版

（6）选择圆角矩形工具，在属性面板模式设置为"像素"，设置圆角半径为"10像素"，如图12-24所示。

图12-24　圆角矩形工具属性栏

继续使用圆角矩形工具，在"登录"组内新建图层，并将其命名为"登录框"，设置前景色为白色，在该图层内绘制一个长条圆角矩形，并设置该图层的不透明度为"35%"，如图12-25所示。

153

（7）复制"登录框"图层，得到"登录框 拷贝"图层，调整好该图层的位置，并在这两个图层中输入"请输入账号"和"请输入密码"，在"登录框 拷贝"图层右下角输入"忘记密码？"，完成效果如图12-26所示。

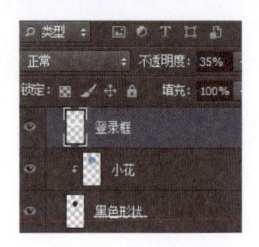

图12-25　登录框图层顺序

图12-26　登录框效果

（8）在"登录"组继续新建图层"登录按钮"，选择圆角矩形工具，在属性栏设置为路径，设置圆角半径为"15像素"，如图12-27所示。

图12-27　圆角矩形工具属性栏

在登录框下方绘制一个圆角矩形路径，执行"窗口→路径"显示路径面板，在路径面板选中所绘制的路径，单击右键在弹出的菜单中选择描边路径，如图12-28所示，在弹出的描边路径对话框中选择"铅笔"为描边工具，如图12-29所示，单击"确定"按钮，对路径进行径向描边。（在这之前先设置前景色为白色，并设置好铅笔工具的笔触大小及透明度）。

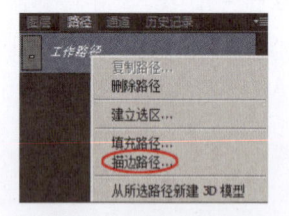

图12-28　描边路径快捷菜单

图12-29　描边路径对话框

登录板块的设计效果如图12-30所示，登录板块的图层面板如图12-31所示。

图12-30　登录板块的设计效果

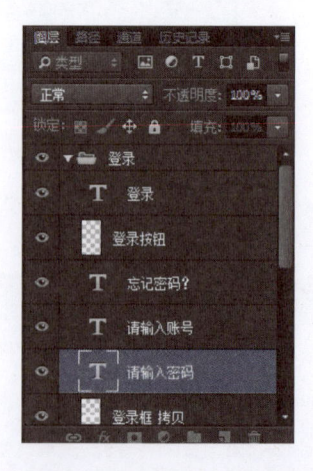

图12-31　登录板块的图层面板

（9）在图层面板中新建组，并将其命名为"第三方登录"，在该组内新建图层，并将其命名为"分割线"，选择直线工具，在属性面板设置绘制为"像素"，粗细为"1 像素"，在登录按钮下方绘制两条直线（按 Shift 键可产生水平直线），然后用文字工具输入"第三方登录"，如图 12-32 所示。

（10）打开素材中的"小图标 2.jpg"文件，选取合适的小图标，修改颜色为白色，并且复制到"第三方登录"组内进行排列，在下方输入对应的文字，如图 12-33 所示。

图 12-32 第三方登录　　　　　　　　图 12-33 第三方登录小图标

完成登录页面设计，最终效果图如图 12-34 所示。最终图层面板如图 12-35 所示。

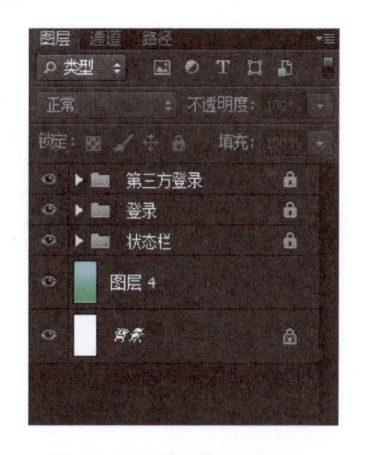

图 12-34 最终效果图　　　　　　　　图 12-35 最终图层面板

## 12.4 其他页面设计

可以尝试完成以下页面设计，如启动页面、登录后首页，其参考效果如图 12-36 所示。

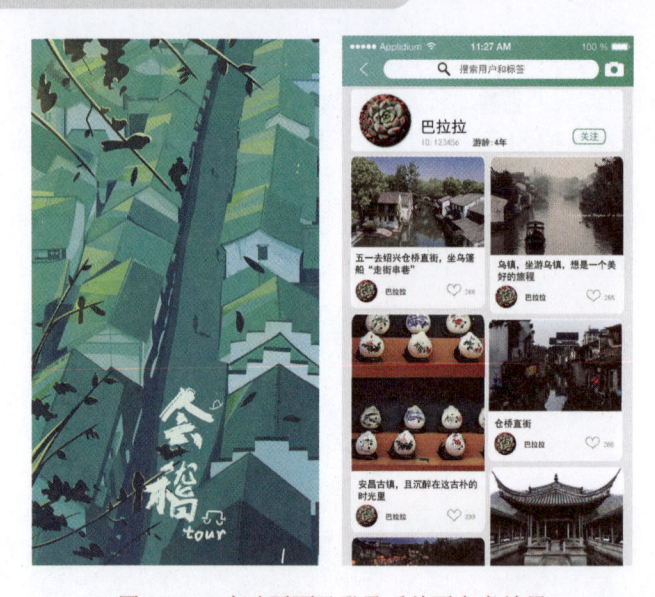

图 12-36　启动页面及登录后首页参考效果

# 项目 13 彩平设计

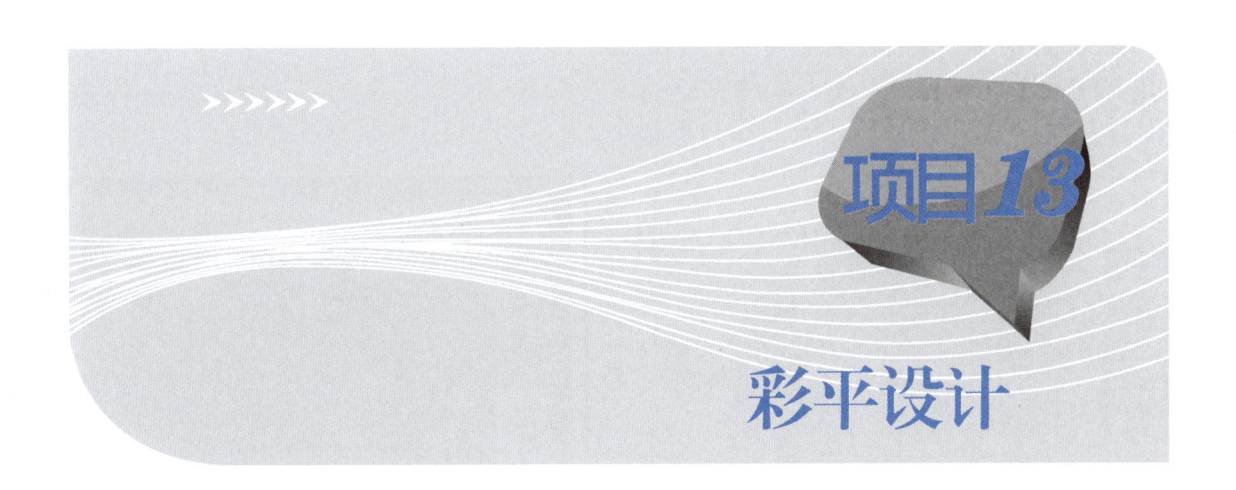

本项目内容结合"铂翠湾"实际项目案例,从 CAD 平面图整理、导入 EPS 格式图纸、分图层填色、细部刻画、整体调整到最终作品的输出保存等绘制过程进行详细讲解,内容适合室内设计、环境艺术设计等相关专业。如图 13-1 和图 13-2 所示为线稿平面图及最终彩色平面效果图。

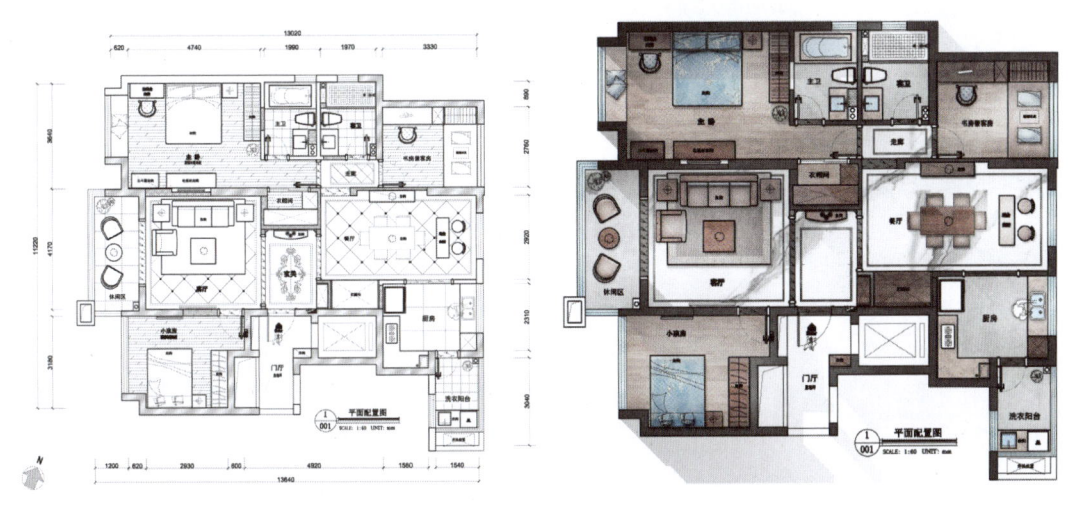

图 13-1　线稿平面图　　　　　　　图 13-2　最终彩色平面效果图

## 13.1　图纸导入

(1)整理 CAD 图纸。为了便于在 Photoshop 中选取,检查各图形的线条是否闭合,并将地面铺装线和文字合并为一个图层,为输出图片做准备。

(2)输出 PDF 格式图片。为了在 Photoshop 中绘制效果更佳,需要背景色为透明的图层,这就是要输出 PDF 格式而非 JPG 格式的原因。输出一个带地面铺装线和文字的 PDF 文件和一个不带地面铺装线和文字的 PDF 文件。

(3) 导入 Photoshop。

① 执行"文件→打开"命令，将 PDF 文件导入，如图 13-3 和图 13-4 所示。

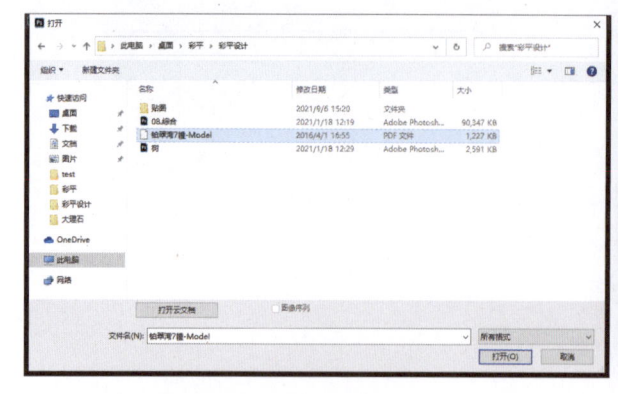

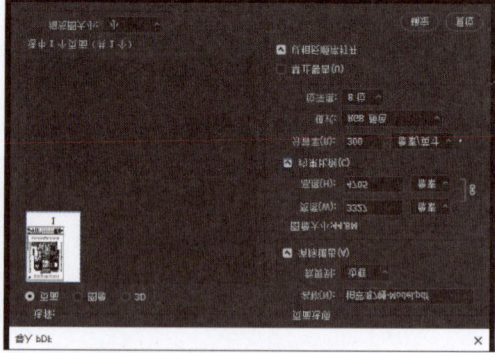

图 13-3　打开文件对话框

图 13-4　导入 PDF 对话框

② 执行"图像→图像旋转→顺时针旋转 90 度"命令，将文档进行横向放置，如图 13-5 所示。

③ 将该图重命名为"CAD"，并对其进行图层锁定，如图 13-6 所示。

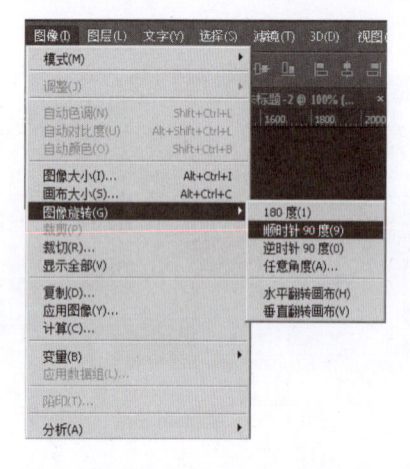

图 13-5　执行图像旋转命令

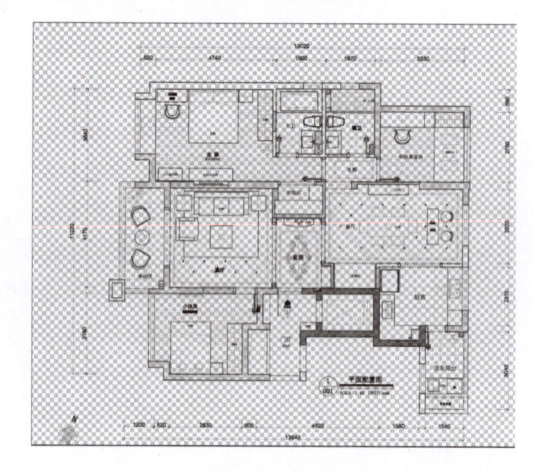

图 13-6　锁定图层

## 13.2　分图层绘制

### 13.2.1　建立底色图层

新建空白图层放置于底层，并将图层重命名为"底色"。设置前景色为白色，单击"底色"图层，同时按住 Alt+Delete 组合键，对"底色"图层填充前景色，填充效果如图 13-7 所示，图层面板如图 13-8 所示。

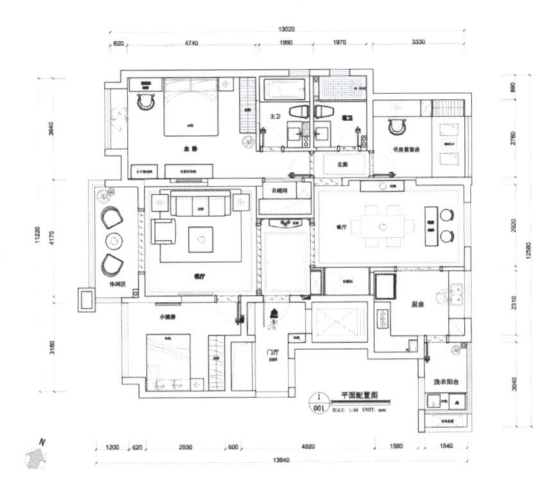

图 13-7　填充底色图层后的效果　　　　图 13-8　图层面板

## 13.2.2　墙体绘制

单击"CAD"图层，选择魔棒工具，在属性栏设置为"添加到选区"，单击要填色的墙体选区，设置前景色为灰色"#444444"。新建图层，并将其重命名为"墙"，同时按住 Alt+Delete 组合键，对"墙"图层填充前景色，填充效果如图 13-9 所示，按 Ctrl+D 组合键取消选区。

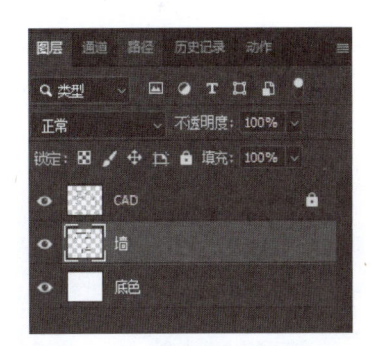

图 13-9　填充"墙"图层及图层面板

## 13.2.3　窗的绘制

单击"CAD"图层，选择魔棒工具，在属性栏设置为"添加到选区"，如图 13-10 所示。新建图层，并将其重命名为"窗"，设置前景色为"#a3dde1"，按住 Alt+Delete 键对"窗"图层进行填充。选择减淡工具，在"窗"图层上适当涂抹，填充效果如图 13-11 所示。

图 13-10　魔棒工具的属性设置

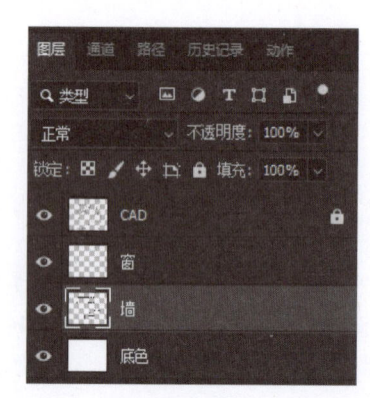

图 13-11　填充"窗"图层及图层面板

### 13.2.4　地面铺装的绘制

（1）单击"CAD"图层，选择魔棒工具 ，在属性栏设置为"添加到选区"，单击要填色的地砖区域，新建图层，并将其命名为"地砖"，按住 Alt+Delete 键，用任意前景色进行填充，如图 13-12 所示（案例操作中选用黑色），按 Ctrl+D 键取消选区。打开素材中的"客厅地面.jpg"，执行"编辑→定义图案"命令，将该材质定义为图案，如图 13-13 所示。单击"确定"按钮后关闭此文件。

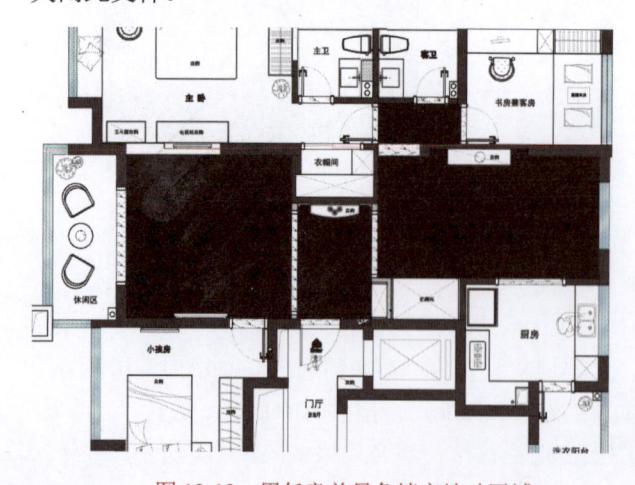

图 13-12　用任意前景色填充地砖区域　　　　图 13-13　定义地砖图案

（2）双击"地砖"图层，弹出"图层样式"对话框，勾选"图案叠加"样式，单击进入对话框"图案"选项中，选择刚才定义的"客厅地砖"图案，同时可以在左侧移动图案，显示为最佳效果，如图13-14所示，并根据效果调整缩放值，如图13-15所示。

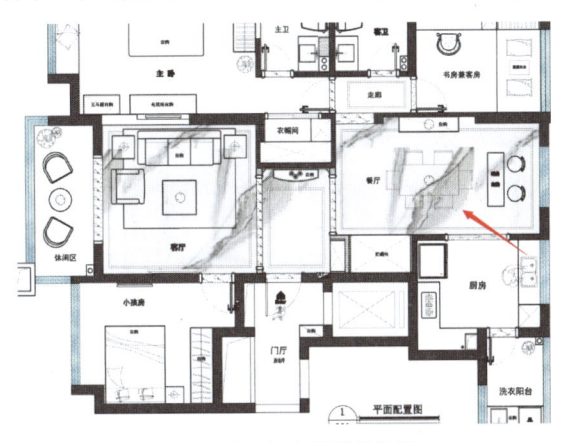

图13-14 移动贴图的位置

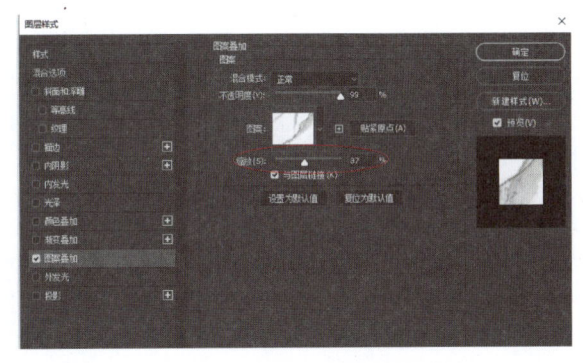

图13-15 图案叠加图层样式

（3）用同样的方法建立"地砖1"图层，此区域包括阳台、卫生间和厨房。单击"CAD"图层，选择魔棒工具，进行添加选区的过程中也可以借用套索工具和矩形框选工具等。对"地砖1"图层进行图案叠加，如图13-16所示，用到的图案是素材中提供的"地砖1.jpg"。

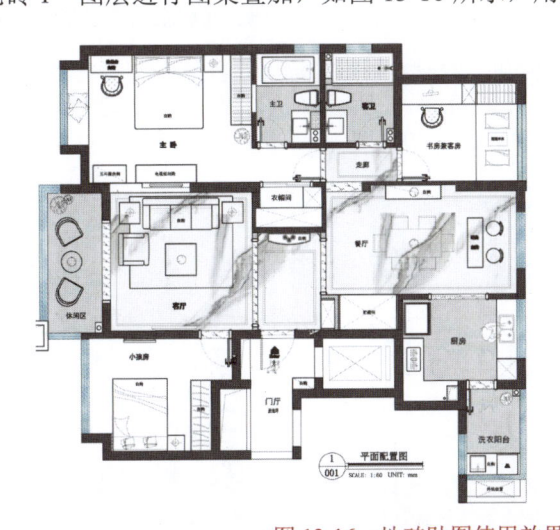

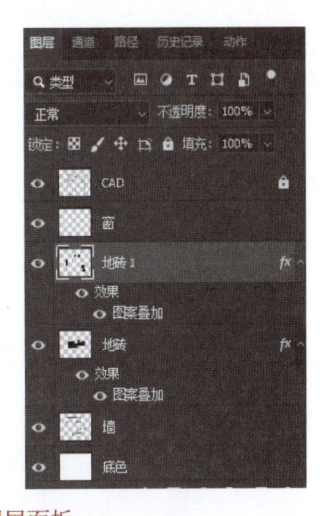

图13-16 地砖贴图使用效果及图层面板

（4）新建图层"卧室地面"，在"CAD"图层选中卧室区域并填充任意色，使用素材中提供的"卧室地面.jpg"定义图案并使用图案叠加图层样式，如图13-17所示。

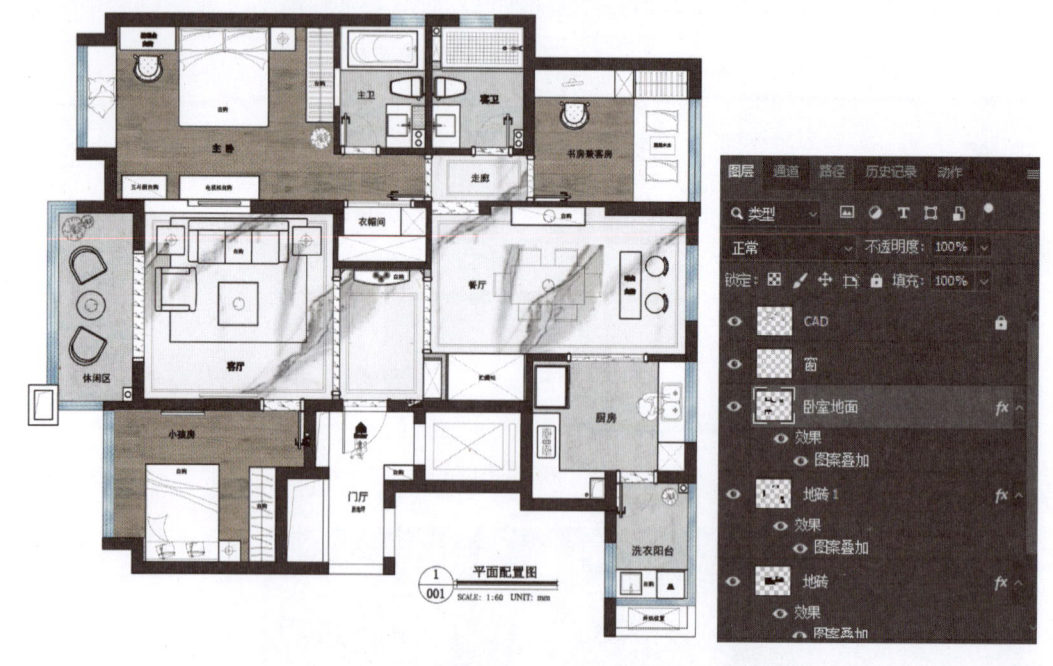

图 13-17　卧室地面贴图使用效果及图层面板

（5）新建图层"地面套线"，在"CAD"图层选中套线区域并填充任意色，打开素材中提供的"套线.jpg"，并拖动到"地面套线"图层上方，按Ctrl+T键对该素材进行放大，使该区域能盖住地面套线的区域，按Enter键确认。然后按住Alt键，同时单击两图层的中间位置，如图13-18所示，建立剪贴蒙版，使地面套线的图案应用到"地面套线"图层，最后效果如图13-19所示。

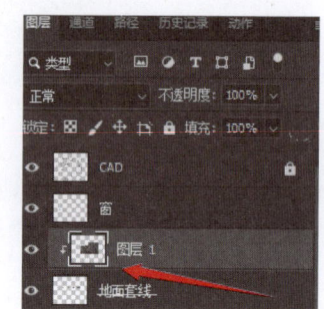

（6）打开素材中的"地毯.jpg"文件，并把该文件拖到"窗"图层下方，按Ctrl+T键对地毯进行缩放处理，按Enter键进行确认，双击该图层打开图层样式，勾选"投影"样式，单击进入进行参数设置，勾选"斜面和浮雕效果"，单击进入对话框进行参数设置，如图13-20所示。

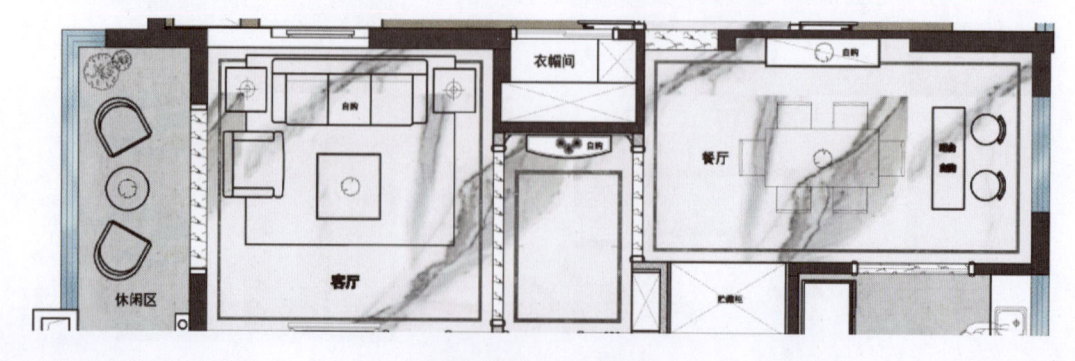

图 13-18　单击两图层的中间位置

图 13-19　最后的效果

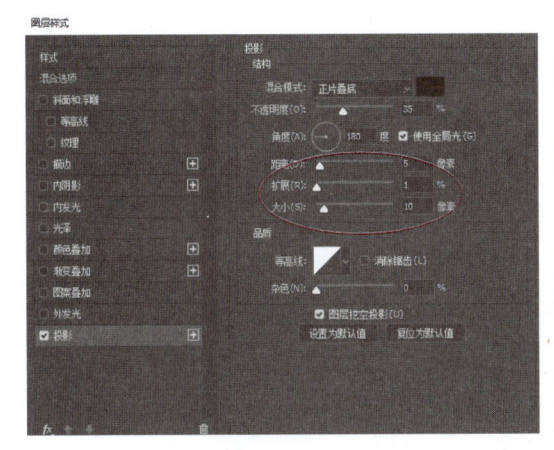

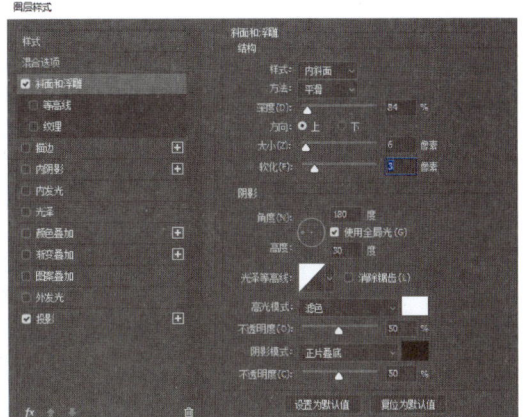

图 13-20　参数设置

加入"地毯"图层后的效果及图层面板如图 13-21 所示。

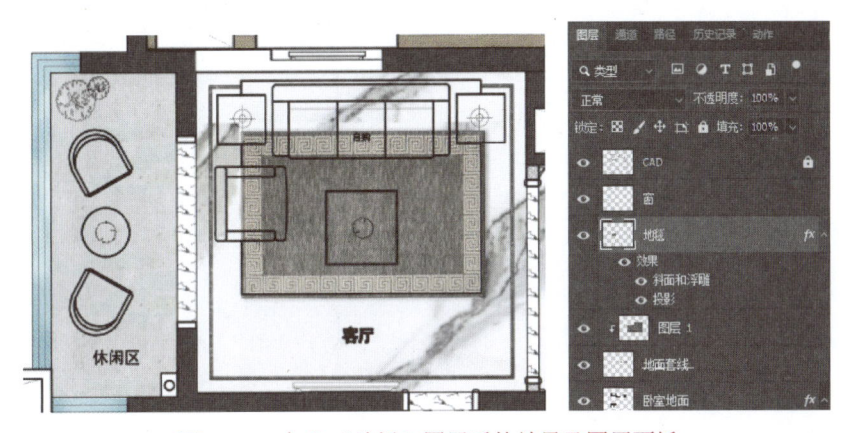

图 13-21　加入"地板"图层后的效果及图层面板

（7）新建"门堂板"图层，在"CAD"图层选中门堂板区域，设置前景色为"#64615a"，按 Alt+Delete 键进行填充。因面积不大，纹理均衡，故不再使用其他贴图。加入"门堂板"图层后的效果及图层面板如图 13-22 所示。

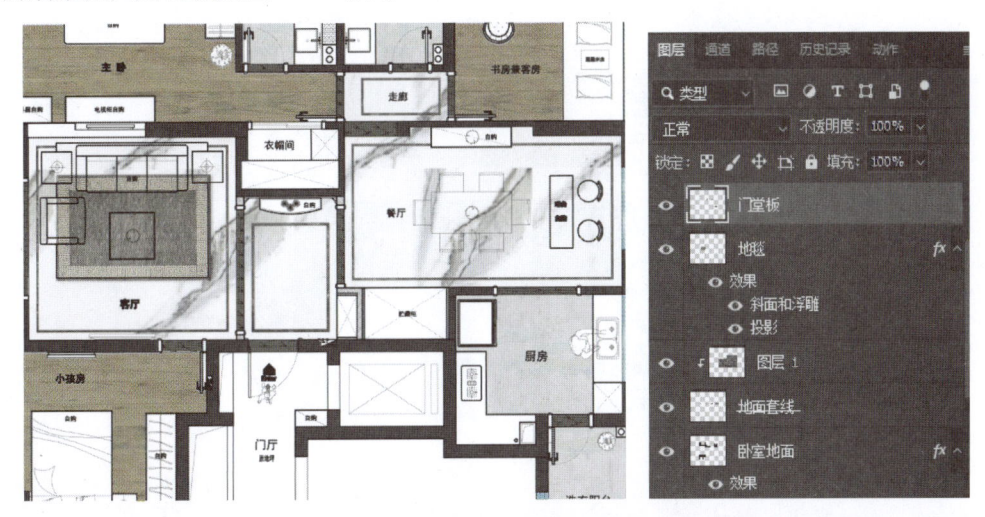

图 13-22　加入"门堂板"图层后的效果及图层面板

（8）单击"门堂板"图层，按住 Shift 键，再单击"地砖"图层，即选中地面部分绘制的所有图层，接着在图层面板中单击"创建组"命令，如图 13-23 所示，把所有地面装饰部分的图层创建到一个组里，并且将组重命名为"地面装饰"，创建组后的图层面板如图 13-24 所示。

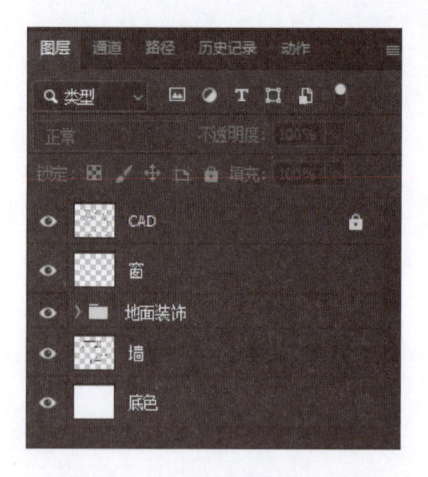

图 13-23　单击"创建组"按钮　　　　图 13-24　创建组后的图层面板

### 13.2.5　家私的材质赋予和立体感表现

（1）新建图层，并将其命名为"家具 1"，此图层主要用于桌子、柜子的木饰面绘制。

家具的绘制方法与地砖的绘制方法类似。单击"CAD"图层，使用魔棒工具建立桌子、柜子的选区，可以借助矩形框选工具或套索工具把选区精确化。按住 Alt+Delete 键在"家具 1"图层上填充任意前景色，按 Ctrl+D 键取消选区。打开素材中的"木 1.jpg"，执行"编辑→定义图案"命令，把该纹理定义为图案。双击"家具 1"图层打开图层样式面板，勾选"图案叠加"进入对话框，"图案"选择刚才定义的木纹，设置好"缩放"，如图 13-25 所示。

图 13-25　家具表现

继续勾选"斜面和浮雕"及"投影"选项，参数设置如图 13-26 所示。

项目13　彩平设计

图 13-26　"斜面和浮雕"及"投影"图层样式设置

（2）新建图层，并将其命名为"大理石台面"，绘制方法同上。所采用贴图为素材中的"大理石台面.jpg"，如图 13-27 所示。

图 13-27　大理石台面绘制

（3）新建图层，并将其命名为"沙发"，绘制方法同上。贴图采用素材中的"布料 1.jpg"。此图层包含其他布艺部分的家私，如阳台的椅子、餐厅的椅子及书房的榻榻米部分，在建立选区的时候可以把这部分同时选中。如果有遗漏，后期只需要建立选区，在该图层填充任意色即可添加材质效果，如图 13-28 所示。为了使沙发更具质感，分别对沙发坐垫、靠背及扶手做分图层效果添加。

165

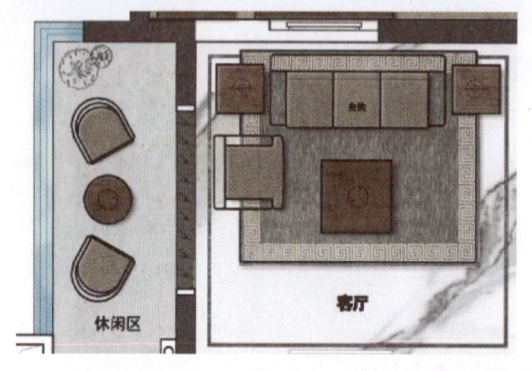

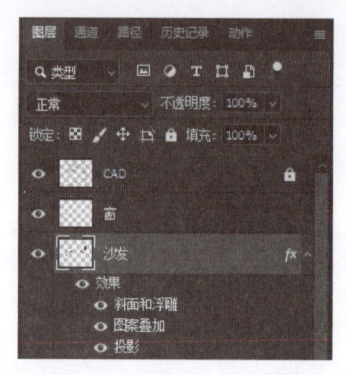

图 13-28　沙发绘制及沙发使用的图层样式

（4）新建图层，并将其命名为"沙发扶手"，绘制方法同上，为了突出新中式的风格，沙发扶手选用木制贴图，使用与"家具 1"图层中相同的木纹，如图 13-29 所示。

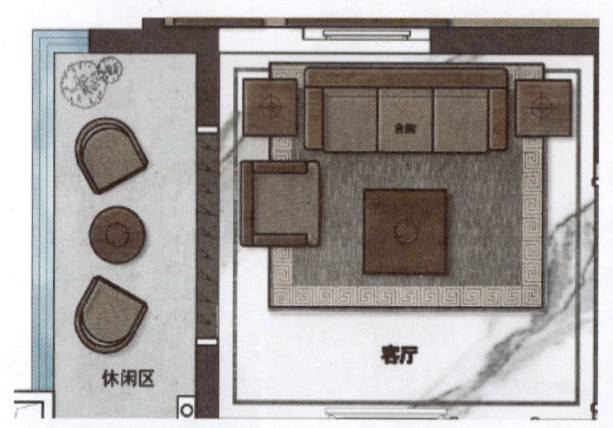

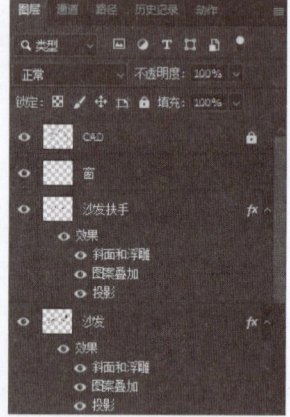

图 13-29　沙发扶手绘制及图层面板

（5）新建图层，并将其命名为"靠垫"，与沙发绘制同理。其包含沙发的靠垫及榻榻米和飘窗上的抱枕，使用素材中提供的"布料 2.jpg"，使用图层样式给靠垫添加材质，以及斜面和浮雕、投影，如图 13-30 所示。

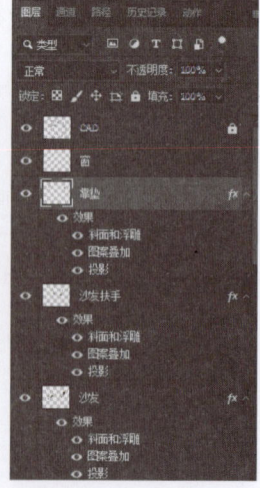

图 13-30　靠垫图层效果及图层面板

（6）右击"沙发"图层，在快捷菜单中选择"栅格化图层样式"命令，如图 13-31 所示。为了增加沙发的立体效果，选择减淡工具 ，在沙发的受光位置进行涂抹，选择加深工具 在沙发的边缘轻轻涂抹，涂抹后的效果如图 13-32 所示。

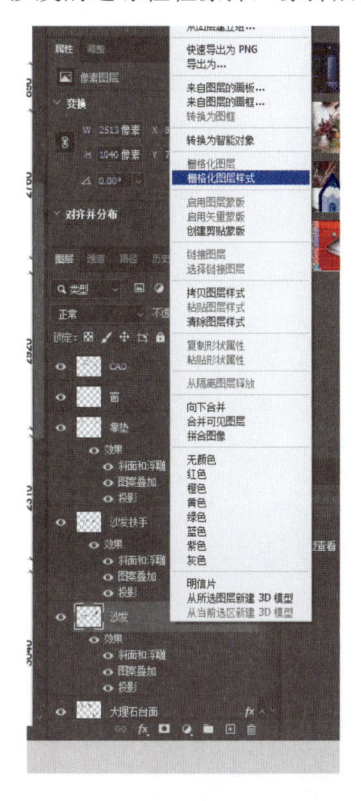

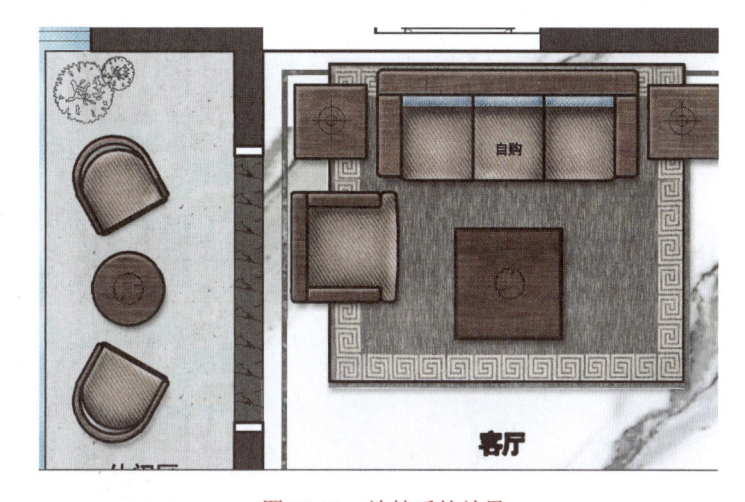

图 13-31　栅格化"沙发"图层　　　　　图 13-32　涂抹后的效果

用相同的方法处理"靠垫"图层，如图 13-33 所示。

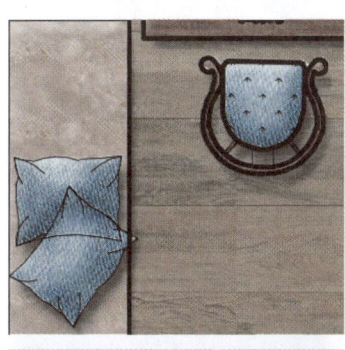

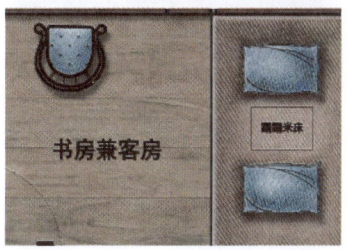

图 13-33　涂抹后的效果及栅格化后的图层面板

（7）床与枕头的绘制与沙发、椅子的绘制同理。给床和枕头赋予材质后，添加图层样式，勾选"斜面和浮雕"样式。如图13-34和图13-35所示。

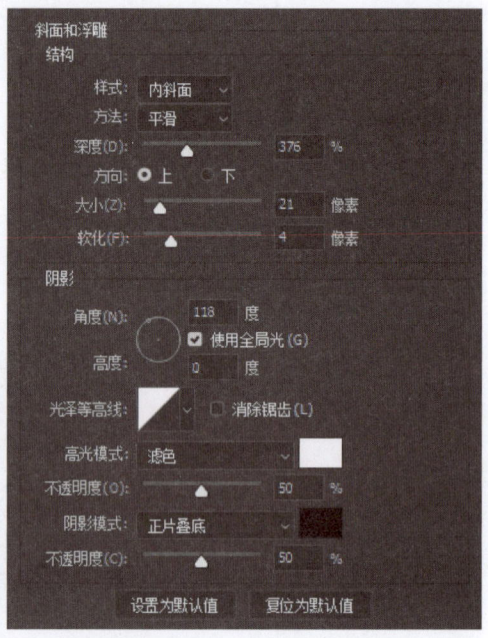

图13-34　床及图层样式

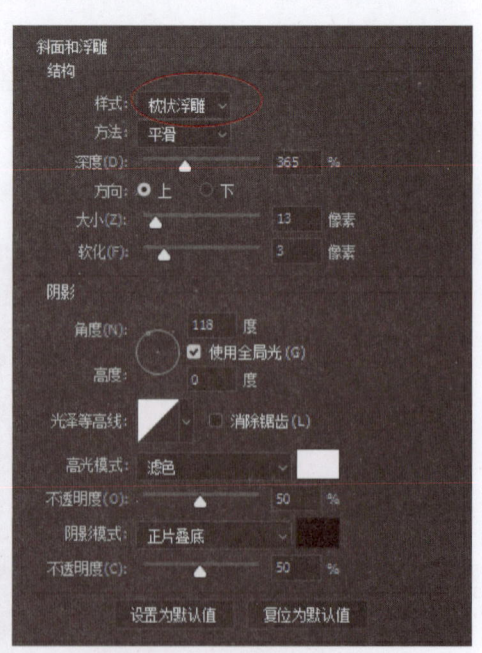

图13-35　枕和被角使用的图层样式及图层面板

（8）新建图层，并将其命名为"白色家具"，在"CAD"图层选择水槽、马桶、煤气灶、人物等填充白色，添加"投影"图层样式，如图13-36所示。

图 13-36 白色家具部分填充效果及图层面板

（9）新建图层，并将其命名为"水"，在"CAD"图层选区水的填充区域，设置前景色为"#b2e6f7"，按住 Alt+Delete 键进行填充，添加"内阴影"图层样式，如图 13-37 所示。

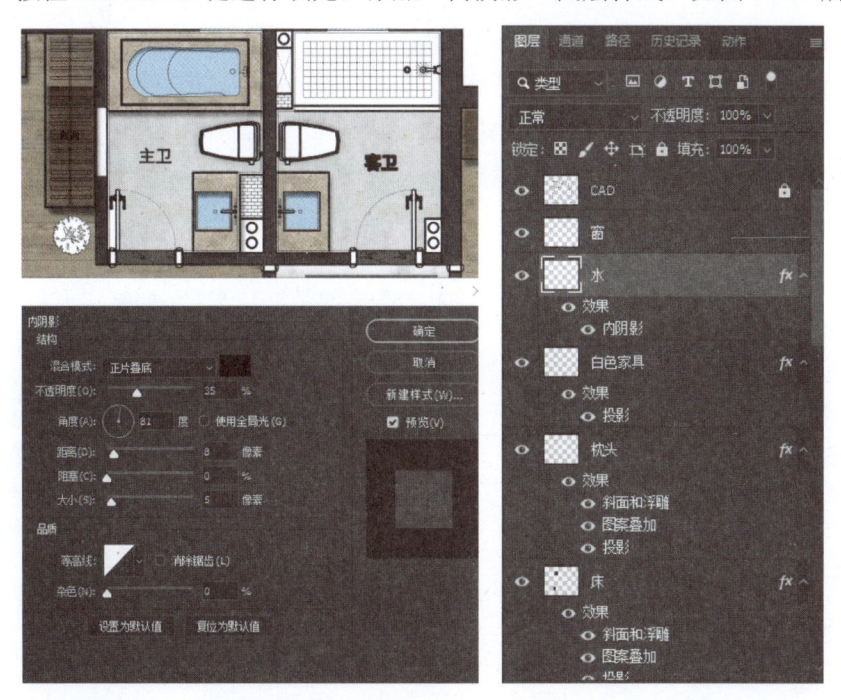

图 13-37 "水"图层的填充效果及图层样式

（10）打开素材中的"树.psd"文件，把该素材拖入有绿植的区域，复制该图层并调整大小和位置，最后效果如图 13-38 所示。

图 13-38  加入绿植后的效果

## 13.3 整体效果调整

（1）先单击"水"图层，按住 Shift 键，并单击"家具 1"图层，再单击图层面板上的"建立组"按钮将这些图层进行分组，并且命名为"家私"，如图 13-39 所示。

（2）为了增加图形的光影效果，下面来制作墙体投影，单击动作面板，在右上角选择"载入动作"命令，如图 13-40 所示。在对话框中选择素材中提供的"Long Shadow.atn"文件，如图 13-41 所示。

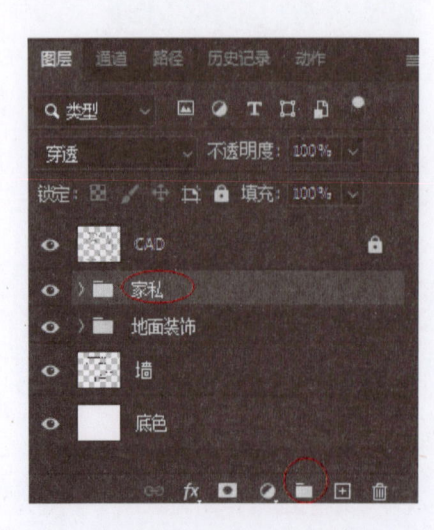

图 13-39  建立"家私"组　　　　　　图 13-40  选择"载入动作"命令

（3）先回到图层面板单击"墙"图层，再回到动作面板单击刚才载入的 Long Shadow 动作，并单击"播放"按钮，如图 13-42 所示。

图 13-41　加载外部动作文件

图 13-42　运行动作文件

（4）单击图层面板，发现生成"墙 拷贝"图层，如图 13-43 所示，将该图层拖动到"CAD"图层下方，发现有墙体投影产生，如图 13-44 所示。复制"墙 拷贝"图层，双击"渐变叠加"图层样式，调整角度，可以得到其他墙体投影，如图 13-45 所示。

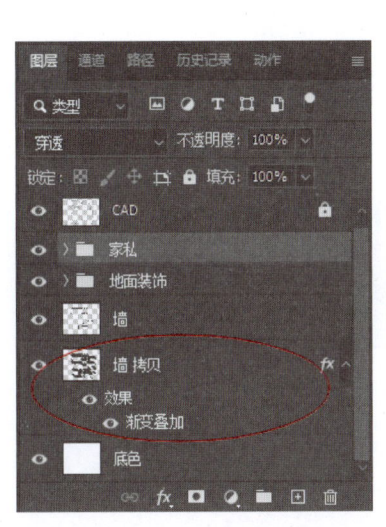

图 13-43　生成新的图层

图 13-44　墙体投影效果

可以多次复制并修改，直到出现满意的墙体投影为止，并且把所有的墙体投影图层进行合并，将该图层命名为"墙体投影"。

（5）为了增加光影效果，按 Ctrl+Shift+Alt+E 键对图层进行盖印，并选择加深工具 和减淡工具 进行涂抹，做出光影效果，最后效果如图 13-46 所示。

图 13-45　修改"渐变叠加"图层样式参数

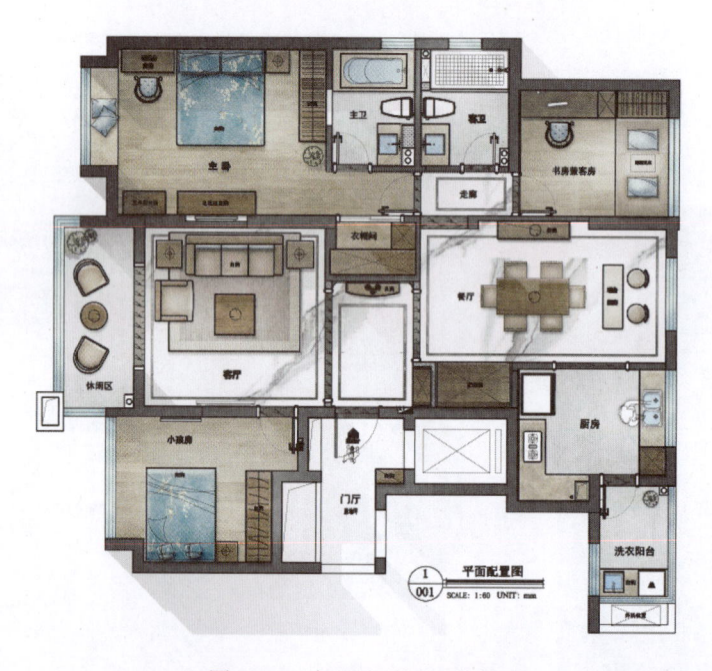

图 13-46　加深和减淡后的效果

# 项目14 包装设计

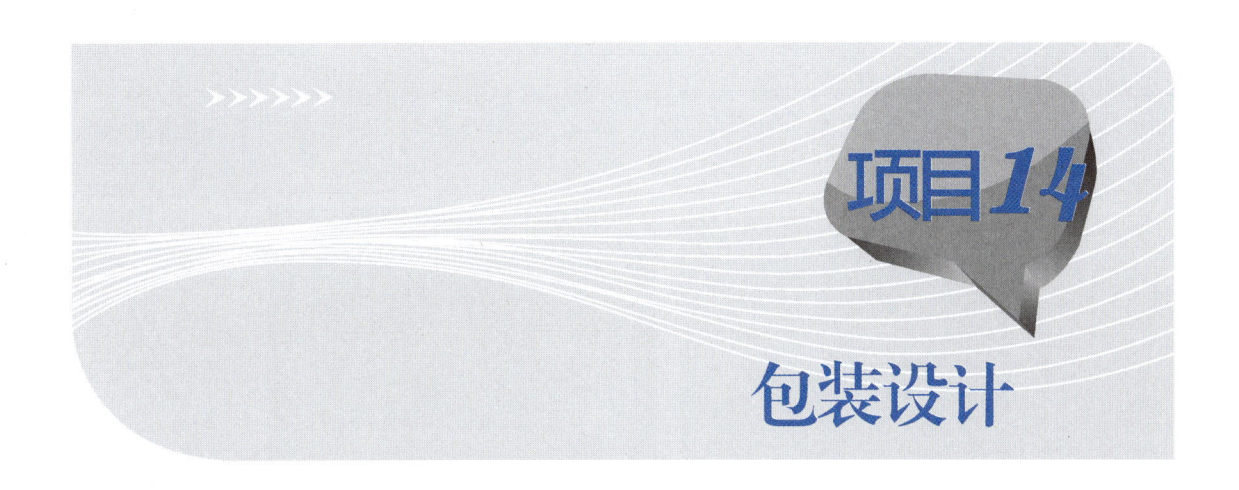

本项目内容结合"竹隐陈溪"案例,内容包括茶叶罐及茶叶罐手提袋的样机制作,以及加上设计的 logo 合成,模拟出真实包装设计效果图,如图 14-1 所示。

图 14-1 包装设计效果图

## 14.1 样机制作

### 14.1.1 背景制作

(1)执行"文件→新建"命令,在对话框中设置文件的大小为 2048 像素×2738 像素,分辨率为 300 像素/英寸,并将文件命名为"包装设计"。

(2)设置前景色为"#5d6266",按 Alt+Delete 键在背景层上填充。

(3)为了使背景有光照的效果,新建图层,并将其命名为"高光",选择椭圆选区工具,在画面上绘制一个圆,设置前景色为白色进行填充,按 Ctrl+D 键取消选区,执行"滤镜→模糊→高斯模糊"命令,设置模糊半径为"280",单击"确定"按钮,将该图层的不透明度降低为40%,背景效果及图层面板如图14-2所示。

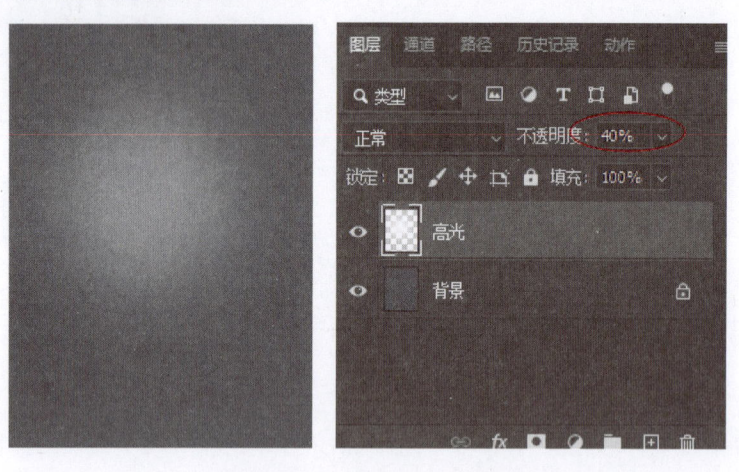

图 14-2 背景效果及图层面板

(4)设置前景色为"#586272",背景色为"#3e4451",选取矩形选框工具,框选底部三分之一区域,选取渐变工具,设置渐变编辑器为"前景色到背景色渐变",如图14-3所示,设置渐变方式为线性渐变,在背景层上从左下角往右上角方向拉出渐变,如图14-4所示。

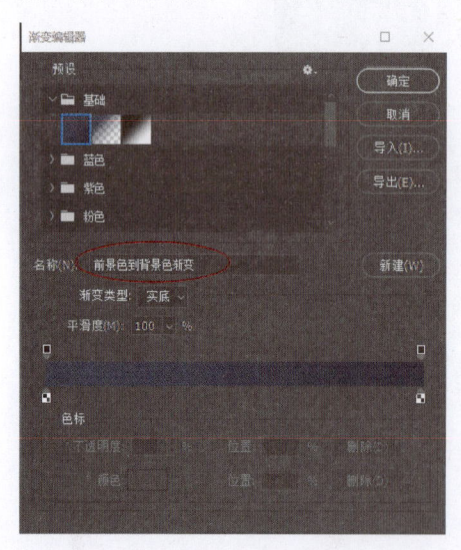

图 14-3 前景色到背景色渐变

图 14-4 拉出渐变的最后效果

## 14.1.2 手提袋制作

(1)在图层面板新建一个组,并将其命名为"手提袋",在组内新建图层,并将其命名为"正面",选取矩形工具,设置模式为"形状"、填充色为"#e7e7d5"、描边为"无",如

图 14-5 所示。

图 14-5 矩形工具的属性设置

在画布上拖出一个矩形，复制该图层，并将其命名为"袋子投影"，修改填充色为"#1f273e"，并将"袋子投影"拖动到"正面"图层下方，使用移动工具微微向下移动一点距离，使其在底部露出投影色，如图 14-6 所示。

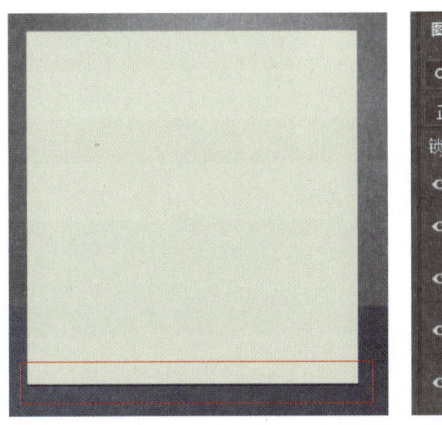

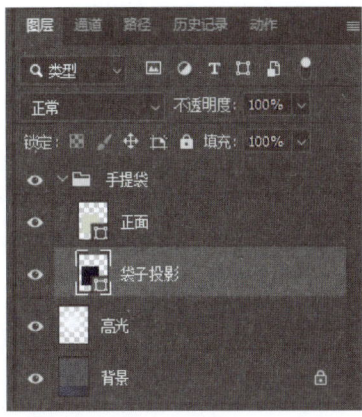

图 14-6 手提袋正面及图层面板

（2）在"正面"图层上方新建图层，并命名为"暗部"，使用矩形选框工具在袋子的右侧拖出一个矩形区域，并用黑色填充，修改该图层的不透明度为 40%。取消选区，执行"滤镜→模糊→高斯模糊"命令，使黑色像素模糊。按住 Alt 键，单击"暗部"图层与"正面"图层的中间，建立剪贴蒙版，为手提袋的正面添加暗部，如图 14-7 所示。

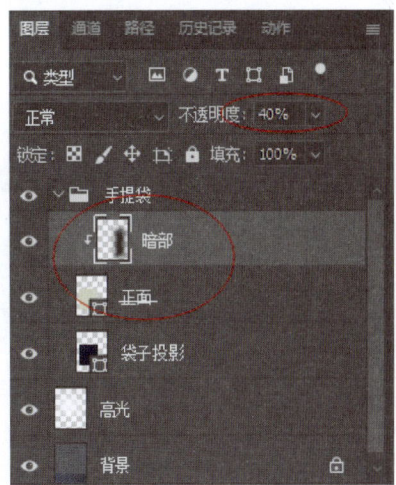

图 14-7 添加暗部后的效果及图层面板

（3）选择钢笔工具，在属性栏中设置绘制方式为"路径"，在手提袋的上方绘制出提手的形状，如图 14-8 所示。新建图层，并命名为"提手"，单击路径面板，右击绘制的路径，选择"描边路径"命令,在对话框中选择铅笔,如图 14-9 所示。(在执行描边路径前先要设置好铅笔的大小为 15 像素,前景色为白色。)

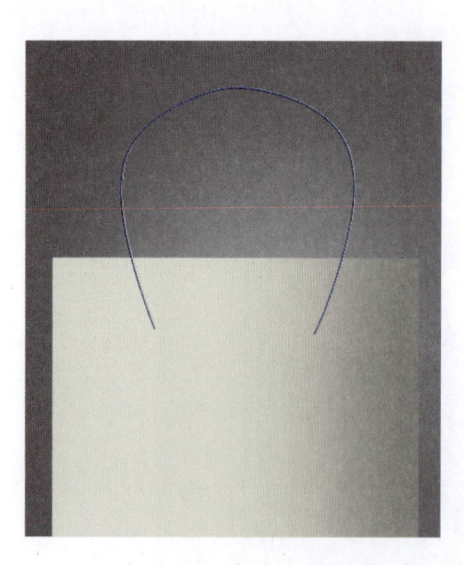

图 14-8　绘制提手路径

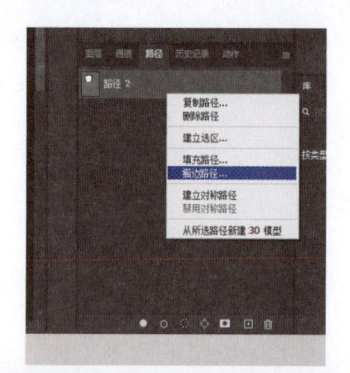

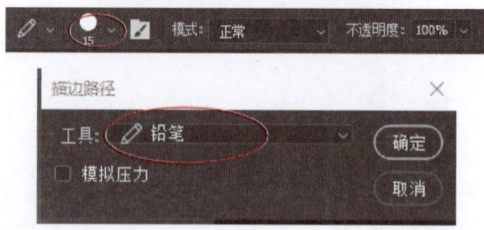

图 14-9　描边路径的选择及参数设置

(4)回到图层面板,双击"提手"图层,弹出"图层样式"对话框,勾选"斜面和浮雕"样式,参数设置如图 14-10 所示。

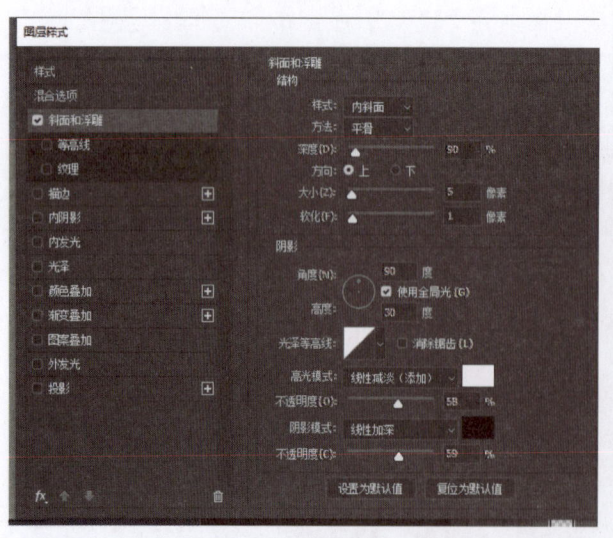

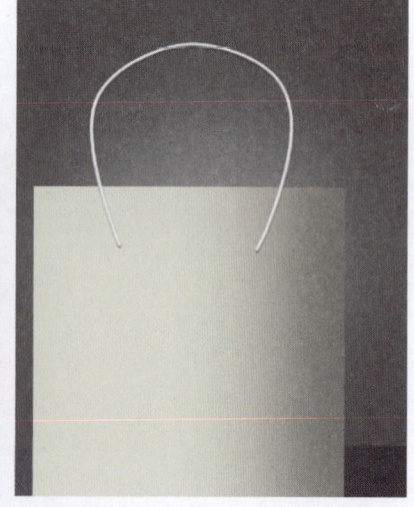

图 14-10　"斜面和浮雕"样式的参数设置

(5)复制"提手"图层,按 Ctrl+T 键将复制的提手进行变形,并将复制的图层移动到"正面"图层下方,如图 14-11 所示。

(6)绘制提手投影,方法同第(3)步,选择描边路径的工具为铅笔,设置前景色为黑色,将图层命名为"提手投影"。为该图层添加图层蒙版,并使用从黑色到黑色透明的渐变填充图层蒙版,使提手的投影有一个明暗变化的过渡,最后调整该投影图层的不透明度,如图 14-12 所示。

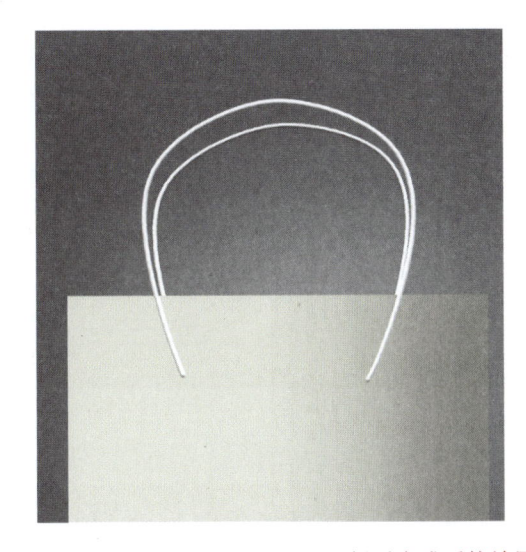

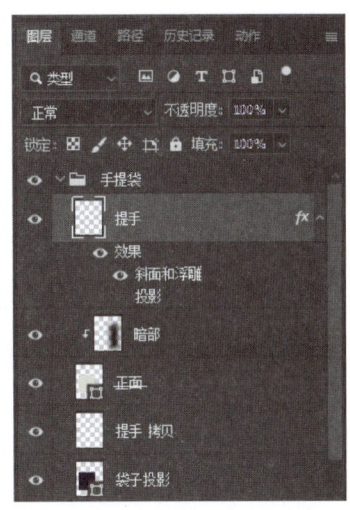

图 14-11　提手完成后的效果及图层面板 1

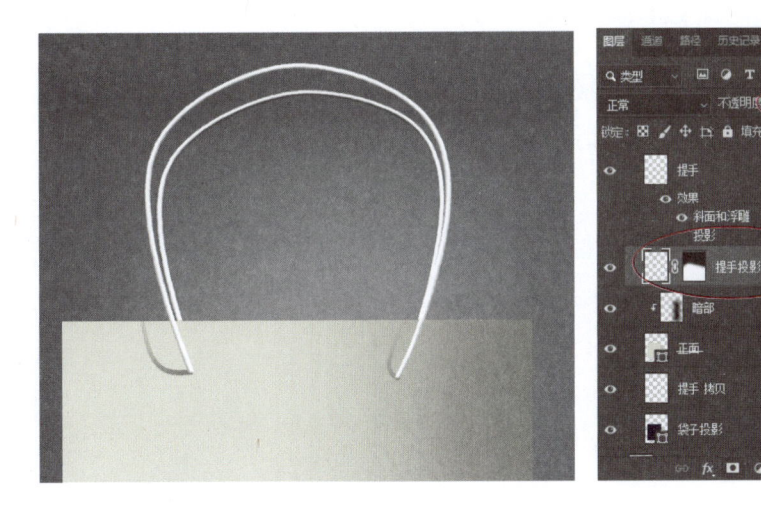

图 14-12　提手完成后的效果及图层面板 2

## 14.1.3　茶叶罐制作

（1）新建组，并命名为"茶叶罐"，组内新建图层，并命名为"瓶身"，选取矩形工具，设置模式为"形状"、填充色为"#e7e7d5"、描边为"无"。首先绘制一个矩形，然后选择椭圆工具，前面属性栏设置同矩形工具，后面的绘制方式改为"合并形状"，如图 14-13 所示。在矩形下方绘制一个椭圆，得到茶叶罐的瓶身，如图 14-14 所示。

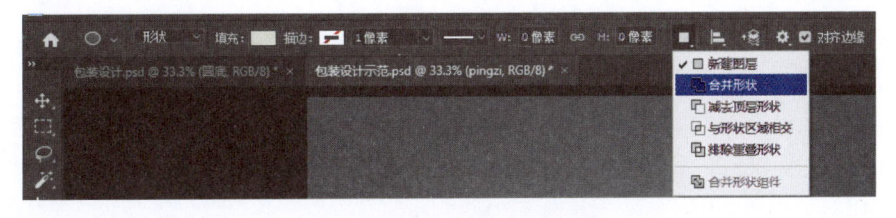

图 14-13　椭圆工具的属性设置

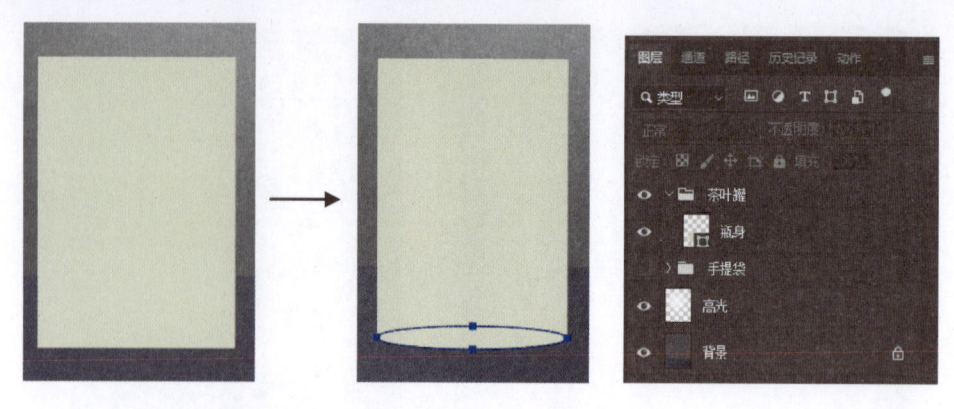

图 14-14　瓶身绘制及图层面板

（2）在"瓶身"图层下方新建图层，并命名为"瓶盖 1"，选取圆角矩形工具▭，在属性栏设置模式为"形状"、填充色为"#3b3b3b"、描边为"无"、圆角半径为"20"，如图 14-15 所示，绘制一个圆角矩形，为了使顶部有一定的弧度，按 Ctrl+T 键，右击选择"变形"，拖出一定的弧度，如图 14-16 所示。

图 14-15　圆角矩形工具的属性设置

（3）双击"瓶盖 1"图层，弹出"图层样式"对话框，勾选"内阴影"样式，单击进入"内阴影"对话框，如图 14-17 所示。

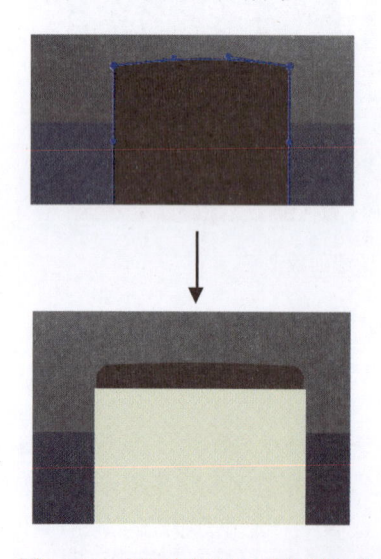

图 14-16　用圆角矩形工具绘制瓶盖　　　　图 14-17　加入内阴影效果

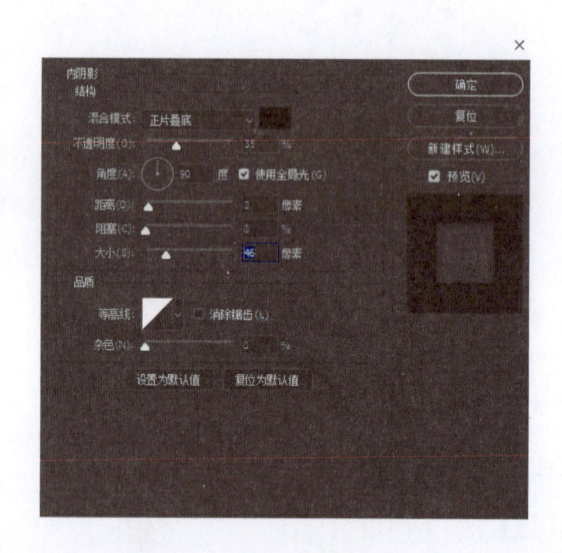

（4）使用相同的方法绘制瓶盖 2 至瓶盖 5，适当修改瓶盖 5 的圆角矩形半径，调整好图层顺序，并分别应用"内阴影"图层样式，如图 14-18 所示。

（5）为了体现出瓶盖的质感，给瓶盖加入高光及反光，由于处理方式基本相同，因此以"瓶盖 1"图层为例进行讲解，在其他图层上的做法基本相同。

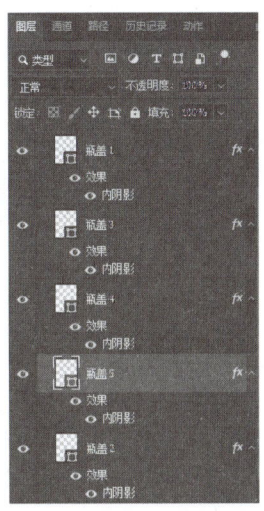

图 14-18　瓶盖绘制效果及图层面板

（6）选择钢笔工具，在瓶盖 1 的内侧绘制一条不封闭的路径，如图 14-19 所示。在"瓶盖 1"图层上方新建图层，并命名为"亮光 1"，设置铅笔工具的大小为 2 像素，设置前景色为白色，单击路径面板，右击刚刚绘制的路径，选择"描边路径"命令，对"亮光 1"图层执行"滤镜→模糊→高斯模糊"命令，设模糊半径为 6，效果如图 14-20 所示。

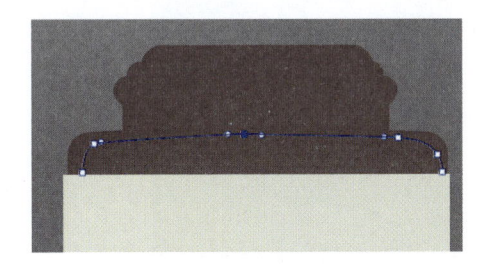

图 14-19　用钢笔工具绘制路径 　　　　图 14-20　执行描边路径命令后的效果

（7）为了防止模糊后的像素超出瓶盖 1 的范围，按住 Alt 键，单击"瓶盖 1"图层和"亮光 1"图层的中间位置，建立剪贴蒙版，如图 14-21 所示。

（8）在"亮光 1"图层上方新建图层，并将其命名为"亮光 2"，继续用钢笔工具在瓶盖 1 的左侧绘制路径，如图 14-22 所示，用相同的方法进行描边路径及高斯模糊（设模糊半径为 4）操作，降低"亮光 2"的图层透明度，如图 14-23 所示。

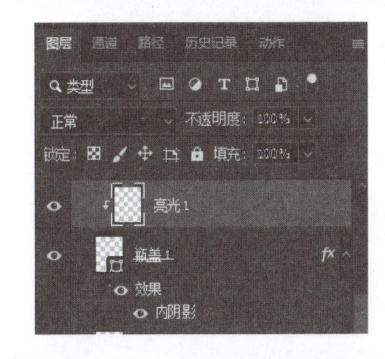

图 14-21　建立剪贴蒙版后的图层面板 　　　　图 14-22　绘制短路径

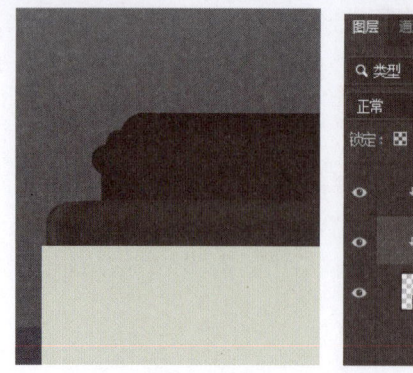

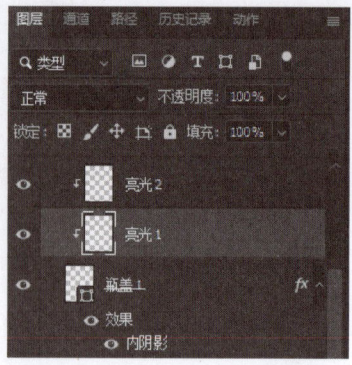

图 14-23 亮光 2 完成后的效果及图层面板

（9）在"亮光 2"图层上方新建图层，并将其命名为"亮光 3"，选择矩形选框工具，在瓶盖 1 的左侧建立矩形选区，填充白色，取消选区，先执行"滤镜→模糊→动感模糊"命令，设置距离为"70"，再执行"滤镜→模糊→高斯模糊"命令，设置半径为"3"，修改该图层不透明度为 80%，效果及图层面板如图 14-24 所示。

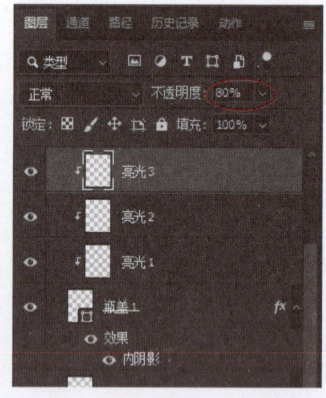

图 14-24 新建"亮光 3"图层

（10）为了使亮光 3 更加自然，首先在"亮光 3"图层建立蒙版，选择渐变工具，设置渐变方式为"黑色到黑色透明渐变"，然后从亮光 3 的左、右两侧往中间拉渐变，如图 14-25 所示。

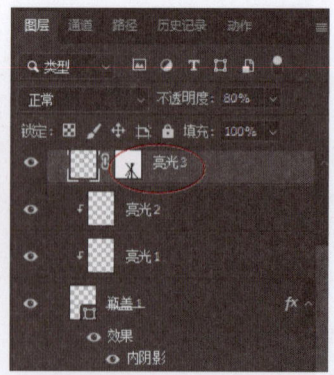

图 14-25 亮光 3 完成后的效果及图层面板

（11）在"亮光 3"图层上方新建图层，命名为"亮光 4"，选择椭圆选框工具建立椭圆选区，填充白色，取消选区后执行"高斯模糊"命令，模糊半径取决于具体绘制的椭圆大小，可以边看效果边拖动半径值。按 Ctrl+T 键对亮光 4 进行变换，拉成细长形即可，效果如图 14-26 所示。

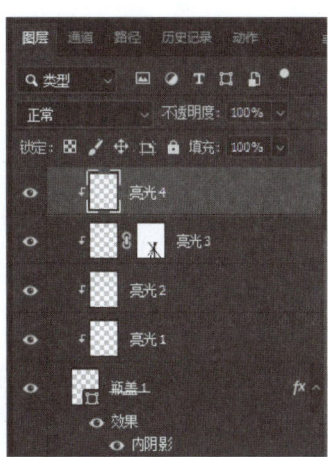

图 14-26　亮光 4 完成后的效果及图层面板

（12）按以上步骤完成所有亮光的绘制，效果如图 14-27 所示。

（13）打开素材中的"布纹.jpg"，全选并复制到"瓶身"图层的上方，按 Ctrl+T 键对布纹进行放大处理使其盖过瓶身的大小，然后按 Alt 键，单击"瓶身"图层和"布纹"图层的中间，建立剪贴蒙版，如图 14-28 所示。

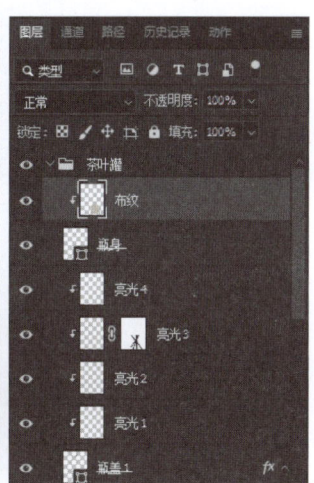

图 14-27　完成瓶盖所有亮光绘制后的效果　　图 14-28　瓶身添加布纹材质后的效果及图层面板

（14）在"茶叶罐"组上面新建图层，并命名为"明暗 1"，选择矩形选框工具在中间建立矩形选区，并填充黑色，如图 14-29 所示。取消选区，执行"滤镜→模糊→高斯模糊"命令，设置半径为"50"，单击"确定"按钮后修改该图层的不透明度为 40%，并为"茶叶罐"组图层和"明暗 1"图层建立剪贴蒙版，使超出的黑色部分不可见，如图 14-30 所示。

（15）使用相同的方法在茶叶罐的两侧添加暗部，在茶叶罐的中间偏左位置添加高光，效果如图 14-31 所示。

图 14-29　用黑色填充矩形选区　　　　　　图 14-30　明暗 1 的效果

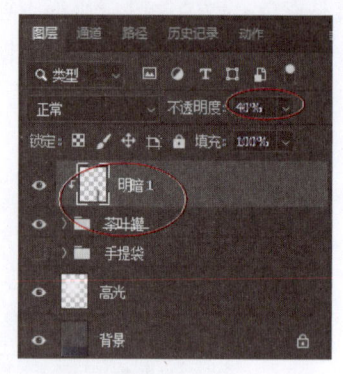

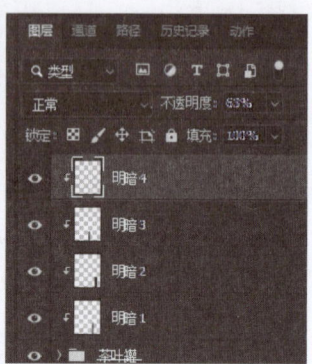

图 14-31　添加

## 14.2　logo 场景合成

（1）执行"文件→置入嵌入对象"命令，置入素材中的"logo.psd"，将 logo 作为智能对象导入文件，并将智能对象图层命名为"logo"，把该图层拖动到"明暗 1"图层的下方，使 logo 图层也有光影的效果，如图 14-32 所示。

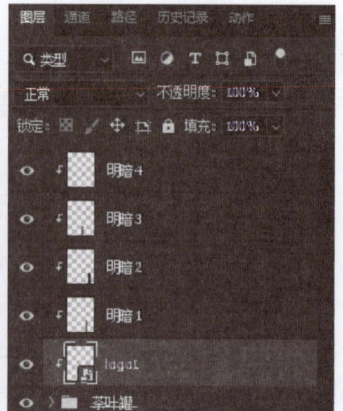

图 14-32　茶叶罐加入 logo 后的效果及图层面板

（2）使用相同的方法为手提袋也加入 logo，如图 14-33 所示。这里使用智能对象的方式加 logo，其目的是便于后期能快速修改或替换 logo。

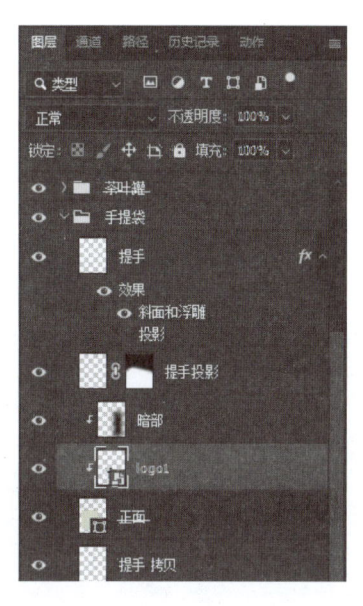

图 14-33　手提袋加入 logo 后的效果及图层面板

## 14.3　整体效果调整

### 14.3.1　手提袋投影制作

在 14.1.2 节手提袋制作中第一步讲述了手提袋投影制作方法，这里讲述第二种方法：

选择矩形工具，在属性栏模式设置为"形状"，填充色为"#1f273e"，回到"手提袋"组，在"正面"图层的下方绘制矩形，通过移动工具调整位置，如图 14-34 所示。

图 14-34　手提袋投影效果及图层面板

### 14.3.2 茶叶罐投影制作

茶叶罐投影制作方法可以参考手提袋投影制作方法。这里介绍另一种制作方法。

（1）单击"茶叶罐"组，按住 Ctrl 键在图层面板单击茶叶罐"瓶身"图层缩略图，载入选区，新建图层，并命名为"瓶身投影 1"，将"瓶身投影 1"图层拖放到"瓶身"图层下方，设置前景色为"#1f273e"，按 Alt+Delete 键进行填充。

（2）按 Ctrl+D 键取消选区，选择移动工具，在小键盘处按向下的移动键，轻微移动该图层，使"瓶身投影 1"图层稍微出来一点，如图 14-35 所示。

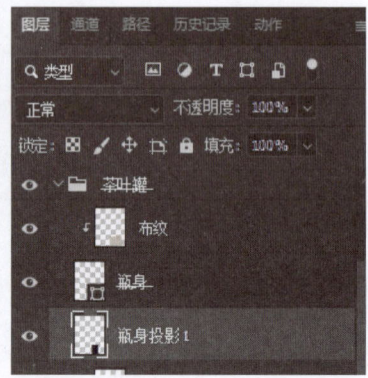

图 14-35　茶叶罐投影效果及图层面板

（3）新建图层，并命名为"瓶身投影 2"，将"瓶身投影 2"图层拖放到"瓶身投影 1"图层下方，选择套索工具，在茶叶罐左下方建立一个长投影选区，设置前景色为"#1f273e"，按 Alt+Delete 键进行填充，如图 14-36 所示。

图 14-36　绘制茶叶罐长投影

（4）为该图层添加图层蒙版，选择渐变工具，设置为黑色到黑色透明的渐变方式，在图层蒙版从左上角往右下角拉，使投影有明、暗之分，效果如图 14-37 所示。

（5）修改"瓶身投影 2"图层的不透明度为 25%，如图 14-38 所示。

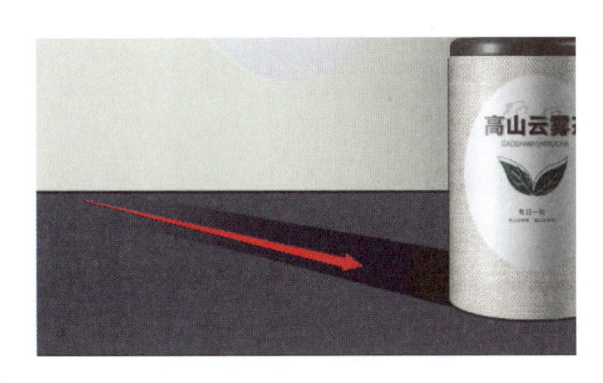

图 14-37　渐变工具在图层蒙版上的处理效果

图 14-38　瓶身投影 2 图层的不透明度修改

### 14.3.3　加入装饰物

（1）执行"文件→置入嵌入对象"命令，导入素材中的"花瓣.psd"文件，调整好大小，并拖放到画面的左下角。

（2）参考茶叶罐做投影的方法，为花瓣添加投影，并修改图层的不透明度，如图 14-39 所示。

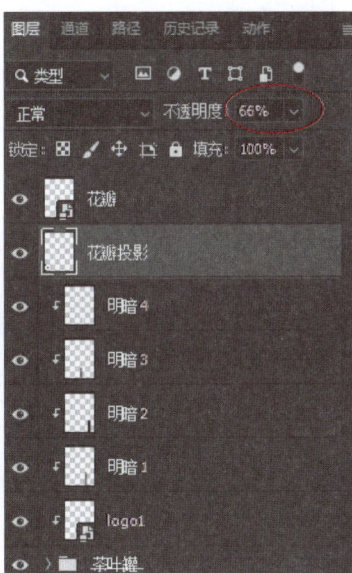

图 14-39　加入花瓣后的效果及图层面板

（3）执行"文件→置入嵌入对象"命令，导入素材中的"茶壶.psd"文件，调整好大小后将其拖放到茶叶罐后方。为了体现远景与近景的关系，对茶壶执行模糊半径为 2 的高斯模糊。参考茶叶罐做投影的方法为茶壶添加 2 层投影，如图 14-40 所示。

图 14-40　加入茶壶后的效果及图层面板

（4）按 Ctlr+Shift+Alt+E 键盖印图层，执行"滤镜→Camera Raw 滤镜"命令，对整体效果进行调整，参数设置及最后效果如图 14-41 所示。

图 14-41　参数设置及最后效果

## 14.4　logo 的替换

在本项目中共加入三处 logo，样机如何快速替换呢？在前面导入 logo 的时候之所以采用智能对象方式，就是为了能快速修改 logo。

（1）双击智能对象缩略图，如图 14-42 所示。Photoshop 会打开该 logo 文件，如图 14-43 所示。

图 14-42　智能对象缩略图　　　　　　　　图 14-43　打开 logo 文件

（2）在打开的文件中进行修改，如修改为素材中提供的"logo2.psd"，如图 14-44 所示，保存并关闭，然后就可以在原来的"包装设计"文件中发现 logo 已经被替换。

（3）修改 logo 后的效果如图 14-45 所示。

图 14-44　修改 logo　　　　　　　　图 14-45　修改 logo 后的效果

# 附录 A Photoshop CC 常用快捷键

| | | |
|---|---|---|
| 文件 | 新建 | Ctrl+N |
| | 打开 | Ctrl+O |
| | 在 Bridge 中浏览 | Alt+Ctrl+O 或 Shift+Ctrl+O |
| | 打开为 | Alt+Shift+Ctrl+O |
| | 关闭 | Ctrl+W |
| | 关闭全部 | Alt+Ctrl+W |
| | 关闭其他 | Alt+Ctrl+P |
| | 关闭并转到 Bridge | Shift+Ctrl+W |
| | 存储 | Ctrl+S |
| | 存储为 | Shift+Ctrl+S 或 Alt+Ctrl+S |
| | 恢复 | F12 |
| 导出 | 导出为 | Alt+Shift+Ctrl+W |
| | 存储为 Web 所用格式（旧版） | Alt+Shift+Ctrl+S |
| | 文件简介 | Alt+Shift+Ctrl+I |
| | 打印 | Ctrl+P |
| | 打印一份 | Alt+Shift+Ctrl+P |
| | 退出 | Ctrl+Q |
| 编辑 | 还原 | Ctrl+Z |
| | 重做 | Shift+Ctrl+Z |
| | 切换最终状态 | Alt+Ctrl+Z |
| | 渐隐 | Shift+Ctrl+F |
| | 剪切 | Ctrl+X 或 F2 |

续表

| | | | |
|---|---|---|---|
| 编辑 | | 复制 | Ctrl+C 或 F3 |
| | | 合并复制 | Shift+Ctrl+C |
| | | 粘贴 | Ctrl+V 或 F4 |
| 选择性粘贴 | | 原位粘贴 | Shift+Ctrl+V |
| | | 贴入 | Alt+Shift+Ctrl+V |
| | | 搜索 | Ctrl+F |
| | | 填充 | Shift+F5 |
| | | 内容识别缩放 | Alt+Shift+Ctrl+C |
| | | 自由变换 | Ctrl+T |
| 变换 | | 再次 | Shift+Ctrl+T |
| | | 颜色设置 | Shift+Ctrl+K |
| | | 键盘快捷键 | Alt+Shift+Ctrl+K |
| | | 菜单 | Alt+Shift+Ctrl+M |
| 首选项 | | 常规 | Ctrl+K |
| 调整 | | 色阶 | Ctrl+L |
| | | 曲线 | Ctrl+M |
| | | 色相/饱和度 | Ctrl+U |
| | | 色彩平衡 | Ctrl+B |
| | | 黑白 | Alt+Shift+Ctrl+B |
| | | 反相 | Ctrl+I |
| | | 去色 | Shift+Ctrl+U |
| | | 自动色调 | Shift+Ctrl+L |
| | | 自动对比度 | Alt+Shift+Ctrl+L |
| | | 自动颜色 | Shift+Ctrl+B |
| | | 图像大小 | Alt+Ctrl+I |
| | | 画布大小 | Alt+Ctrl+C |
| 新建 | | 图层 | Shift+Ctrl+N |
| | | 通过复制的图层 | Ctrl+J |
| | | 通过剪切的图层 | Shift+Ctrl+J |
| | | 快速导出为 PNG | Shift+Ctrl+' |
| | | 导出为 | Alt+Shift+Ctrl+' |
| | | 创建/释放剪贴蒙版 | Alt+Ctrl+G |
| | | 图层编组 | Ctrl+G |
| | | 取消图层编组 | Shift+Ctrl+G |
| | | 隐藏图层 | Ctrl+, |

续表

| | | | |
|---|---|---|---|
| 排 列 | | 置为顶层 | Shift+Ctrl+] |
| | | 前移一层 | Ctrl+] |
| | | 后移一层 | Ctrl+[ |
| | | 置为底层 | Shift+Ctrl+[ |
| | | 锁定图层 | Ctrl+/ |
| | | 合并图层 | Ctrl+E |
| | | 合并可见图层 | Shift+Ctrl+E |
| 选 择 | | 全部 | Ctrl+A |
| | | 取消选择 | Ctrl+D |
| | | 重新选择 | Shift+Ctrl+D |
| | | 反选 | Shift+Ctrl+I 或 Shift+F7 |
| | | 所有图层 | Alt+Ctrl+A |
| | | 查找图层 | Alt+Shift+Ctrl+F |
| | | 选择并遮住 | Alt+Ctrl+R |
| 修 改 | | 羽化 | Shift+F6 |
| 滤 镜 | | 上次滤镜操作 | Alt+Ctrl+F |
| | | 自适应广角 | Alt+Shift+Ctrl+A |
| | | Camera Raw 滤镜 | Shift+Ctrl+A |
| | | 镜头校正 | Shift+Ctrl+R |
| | | 液化 | Shift+Ctrl+X |
| | | 消失点 | Alt+Ctrl+V |
| 视 图 | | 校样颜色 | Ctrl+Y |
| | | 色域警告 | Shift+Ctrl+Y |
| | | 放大 | Ctrl++ 或 Ctrl+= |
| | | 缩小 | Ctrl+- |
| | | 按屏幕大小缩放 | Ctrl+0 |
| | | 100%显示 | Ctrl+1 或 Alt+Ctrl+0 |
| | | 显示额外内容 | Ctrl+H |
| 显 示 | | 目标路径 | Shift+Ctrl+H |
| | | 网格 | Ctrl+' |
| | | 参考线 | Ctrl+; |
| | | 标尺 | Ctrl+R |
| | | 对齐 | Shift+Ctrl+; |
| | | 锁定参考线 | Alt+Ctrl+; |

续表

| | | | |
|---|---|---|---|
| 窗　口 | | 动作 | Alt+F9 或 F9 |
| | | 画笔设置 | F5 |
| | | 图层 | F7 |
| | | 信息 | F8 |
| | | 颜色 | F6 |
| 工　具 | | 移动工具 | V |
| | | 画板工具 | V |
| | | 矩形选框工具 | M |
| | | 椭圆选框工具 | M |
| | | 套索工具 | L |
| | | 多边形套索工具 | L |
| | | 磁性套索工具 | L |
| | | 对象选择工具 | W |
| | | 快速选择工具 | W |
| | | 魔棒工具 | W |
| | | 裁剪工具 | C |
| | | 透视裁剪工具 | C |
| | | 切片工具 | C |
| | | 切片选择工具 | C |
| | | 图框工具 | K |
| | | 吸管工具 | I |
| | | 3D 材质吸管工具 | I |
| | | 颜色取样器工具 | I |
| | | 标尺工具 | I |
| | | 注释工具 | I |
| | | 计数工具 | I |
| | | 污点修复画笔工具 | J |
| | | 修复画笔工具 | J |
| | | 修补工具 | J |
| | | 内容感知移动工具 | J |
| | | 红眼工具 | J |
| | | 画笔工具 | B |
| | | 铅笔工具 | B |
| | | 颜色替换工具 | B |
| | | 混和器画笔工具 | B |
| | | 仿制图章工具 | S |
| | | 图案图章工具 | S |
| | | 历史记录画笔工具 | Y |
| | | 历史记录艺术画笔工具 | Y |
| | | 橡皮擦工具 | E |

续表

| | | |
|---|---|---|
| 工 具 | 背景橡皮擦工具 | E |
| | 魔术橡皮擦工具 | E |
| | 渐变工具 | G |
| | 油漆桶工具 | G |
| | 3D 材质拖放工具 | G |
| | 减淡工具 | O |
| | 加深工具 | O |
| | 海绵工具 | O |
| | 钢笔工具 | P |
| | 自由钢笔工具 | P |
| | 弯度钢笔工具 | P |
| | 横排文字工具 | T |
| | 直排文字工具 | T |
| | 直排文字蒙版工具 | T |
| | 横排文字蒙版工具 | T |
| | 路径选择工具 | A |
| | 直接选择工具 | A |
| | 矩形工具 | U |
| | 圆角矩形工具 | U |
| | 椭圆工具 | U |
| | 多边形工具 | U |
| | 直线工具 | U |
| | 自定形状工具 | U |
| | 抓手工具 | H |
| | 旋转视图工具 | R |
| | 缩放工具 | Z |
| | 默认前景色/背景色 | D |
| | 前景色/背景色互换 | X |
| | 切换标准/快速蒙版模式 | Q |
| | 切换屏幕模式 | F |
| | 切换保留透明区域 | / |
| | 减小画笔大小 | [ |
| | 增加画笔大小 | ] |
| | 减小画笔硬度 | { |
| | 增加画笔硬度 | } |
| | 渐细画笔 | , |
| | 渐粗画笔 | . |
| | 最细画笔 | < |
| | 最粗画笔 | > |

# 参 考 文 献

[1] STEVE C. Photoshop CC 技法精粹. 北京：清华大学出版社，2015.
[2] 袁玉萍. Photoshop CC 白金手册. 北京：人民邮电出版社，2015.
[3] 张丕军. Photoshop CS6 界面设计. 北京：海洋出版社，2014.
[4] 李涛. Photoshop CC 2015 中文版案例教程. 北京：高等教育出版社，2012.
[5] 谢馥谦. Photoshop 6 中文版图像秘密基地. 北京：人民邮电出版社，2002.

# 反侵权盗版声明

电子工业出版社依法对本作品享有专有出版权。任何未经权利人书面许可，复制、销售或通过信息网络传播本作品的行为，歪曲、篡改、剽窃本作品的行为，均违反《中华人民共和国著作权法》，其行为人应承担相应的民事责任和行政责任，构成犯罪的，将被依法追究刑事责任。

为了维护市场秩序，保护权利人的合法权益，我社将依法查处和打击侵权盗版的单位和个人。欢迎社会各界人士积极举报侵权盗版行为，本社将奖励举报有功人员，并保证举报人的信息不被泄露。

举报电话：（010）88254396；（010）88258888
传　　真：（010）88254397
E-mail：　dbqq@phei.com.cn
通信地址：北京市海淀区万寿路173信箱
　　　　　电子工业出版社总编办公室
邮　　编：100036